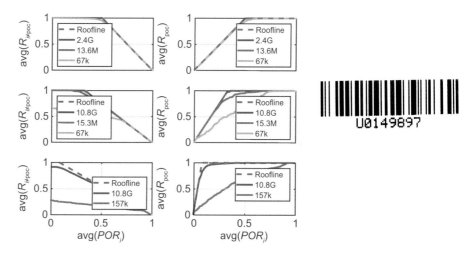

图 2-3　在唤醒层（第 2 类）、第 2 层（第 3 类）和第 3 层（第 10 类）中，Roofline 模型和真实测得的分类效果对比图。其中列出了每层需要的操作数。越复杂的任务就需要越多的操作数来逼近上限

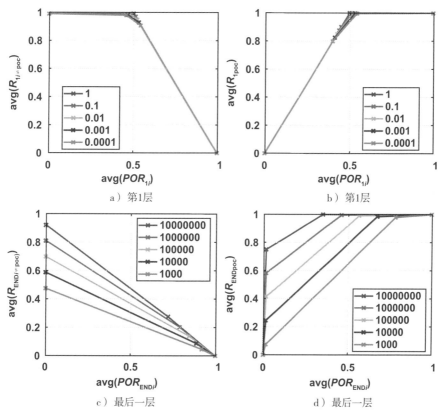

a）第 1 层　　　　　　　　　　b）第 1 层

c）最后一层　　　　　　　　　d）最后一层

图 2-4　a）和 b）：对于两分类问题，在不同代价的分类器下，$avg_{i\neq poc}(R_{1,i\neq u})$ 和 $R_{1,u}$ 与 $avg_i(POR_{1,i})$ 的关系曲线。c）和 d）：与图 2-4a 和 b 相同，但描述的是最后一层中的 256 分类器。图例表明了所使用的分类器的相对能耗

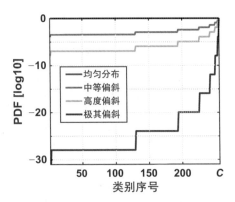

图 2-5　4 种不同情况下非归一化的 PDF。均匀分布的情况下各处的概率密度都相等，而在中等、高度或极其偏斜的分布情况下，某些分类会更容易出现

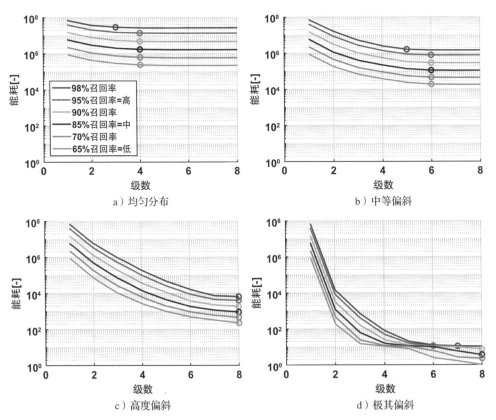

图 2-6　级数与能耗之间的关系，不同的曲线代表了不同的召回率。输入数据的分布从图 2-6a 到图 2-6d 偏斜层都逐渐增加，其分布如图 2-5 所示

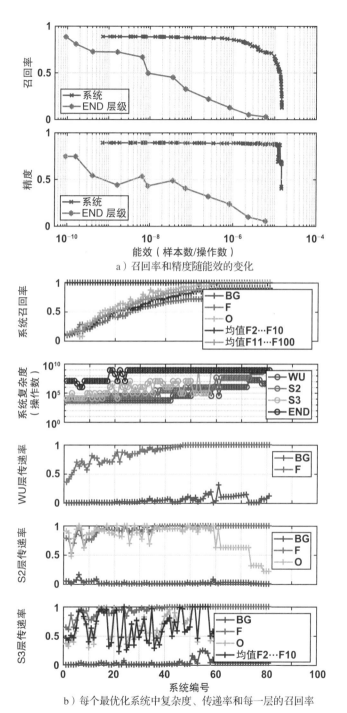

a）召回率和精度随能效的变化

b）每个最优化系统中复杂度、传递率和每一层的召回率

图 2-9　采用不同层次结构处理 100 类人脸识别问题时的召回率 – 能效曲线。图中的右上方是优化方向

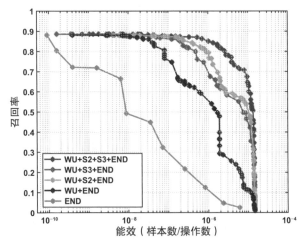

图 2-10 层次化识别系统处理 100 类人脸识别问题时的召回率 – 能效比较。图中右上角为优化方向

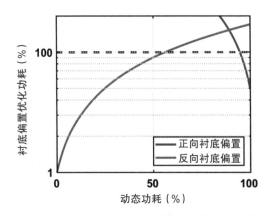

图 5-19 从标称工作点开始使用的 FD-SOI 中的衬底偏置一阶期望增益。期望增益在很大程度上取决于动态功耗与漏电功耗之间的比值

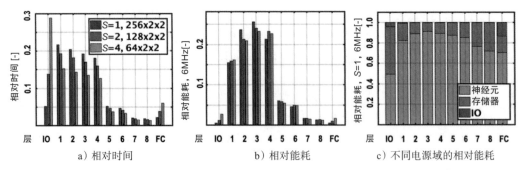

图 6-24 9 层测试基准网络每一层的相对时间、相对能耗和不同电源域的相对能耗。图 6-24c 再次促使研究转向 MSBNN 中的模拟神经元实现，因为大部分能耗在神经元阵列上，更具体地说是在 POPCOUNT 算子中

IC设计与嵌入式系统
开发丛书

嵌入式
深度学习
算法和硬件实现技术

Embedded
Deep Learning

Algorithms, Architectures and Circuits
for Always-on Neural Network Processing

[比] 伯特·穆恩斯 [美] 丹尼尔·班克曼 [比] 玛丽安·维赫尔斯特 著 汪玉 陈晓明 译
（Bert Moons） （Daniel Bankman） （Marian Verhelst）

机械工业出版社
China Machine Press

图书在版编目（CIP）数据

嵌入式深度学习：算法和硬件实现技术 /（比）伯特·穆恩斯（Bert Moons），（美）丹尼尔·班克曼（Daniel Bankman），（比）玛丽安·维赫尔斯特（Marian Verhelst）著；汪玉，陈晓明译 . -- 北京：机械工业出版社，2021.7（2024.1 重印）

（IC 设计与嵌入式系统开发丛书）

书名原文：Embedded Deep Learning: Algorithms, Architectures and Circuits for Always-on Neural Network Processing

ISBN 978-7-111-68807-5

I. ① 嵌… II. ① 伯… ② 丹… ③ 玛… ④ 汪… ⑤ 陈… III. ① 机器学习 IV. ① TP181

中国版本图书馆 CIP 数据核字（2021）第 151972 号

北京市版权局著作权合同登记 图字：01-2020-1335 号。

Translation from the English language edition:

Embedded Deep Learning: Algorithms, Architectures and Circuits for Always-on Neural Network Processing by Bert Moons, Daniel Bankman, Marian Verhelst.

Copyright © Springer Nature Switzerland AG 2019.

This edition has been translated and published under licence from Springer Nature Switzerland AG.

All Rights Reserved.

本书中文简体字版由 Springer 授权机械工业出版社独家出版。未经出版者书面许可，不得以任何方式复制或抄袭本书内容。

本书面向的是供能受限的嵌入式平台，在这样的平台上部署深度学习应用，能耗是最重要的指标。本书详细介绍如何在应用层、算法层、硬件架构层和电路层进行设计和优化，以及跨层次的软硬件协同设计，以使深度学习应用能以最低的能耗运行在电池容量受限的可穿戴设备上。

本书适合从事深度学习硬件架构、深度学习软硬件协同设计等研究的高校学生阅读，也可供从事相关领域工作的技术人员参考。

嵌入式深度学习：算法和硬件实现技术

出版发行：机械工业出版社（北京市西城区百万庄大街 22 号　邮政编码：100037）

责任编辑：王　颖　张梦玲　　　　　　　责任校对：马荣敏

印　　刷：北京建宏印刷有限公司　　　　版　　次：2024 年 1 月第 1 版第 3 次印刷

开　　本：186mm×240mm　1/16　　　　印　　张：14.5　　插　　页：2

书　　号：ISBN 978-7-111-68807-5　　　定　　价：99.00 元

客服电话：（010）88361066　68326294

译 者 序

深度学习无疑是近十多年来最火热的研究方向之一，这个领域已经涌现出了数不清的研究成果，市面上也存在不少关于深度学习的图书。本书与这些已出版的图书的最大不同之处在于，涉及深度学习应用设计的所有层次。具体而言，本书面向的是供能受限的嵌入式平台，在这样的平台上部署深度学习应用，能耗是最重要的指标。本书详细介绍如何在应用层、算法层、硬件架构层和电路层进行设计和优化，以及跨层次的软硬件协同设计，以使深度学习应用能以最低的能耗运行在电池容量受限的可穿戴设备上。本书的一个特色是，这些设计和优化技术均由真实的原型芯片支撑。本书涵盖的内容很广，同时又不失深度，适合作为从事深度学习硬件架构、深度学习软硬件协同设计等研究的高年级本科生或研究生的参考书，也可供从事相关领域工作的技术人员参考。

本书的作者 Bert Moons 博士毕业于比利时鲁汶大学，Daniel Bankman 博士毕业于美国斯坦福大学，Marian Verhelst 教授在鲁汶大学任教。本书内容主要是 Bert Moons 在 Marian Verhelst 教授指导下的博士论文研究。Bert Moons 在嵌入式深度学习领域发表了十余篇学术论文，有丰富的研究经验；Marian Verhelst 教授的主要研究方向是嵌入式机器学习和高能效硬件设计，在这些领域已发表论文近百篇。相信他们在嵌入式深度学习方面的宝贵经验能让读者受益匪浅。本书的英文原版颇受欢迎，在 Springer 网站上已被下载 20 000 余次。

由于译者才疏学浅，书中难免有疏漏之处，敬请广大读者批评指正，以便我们进一步修正。

译者

前 言

　　尽管深度学习算法在许多典型的机器学习任务中都达到了最先进的水平，但由于大量的计算和巨大的模型尺寸，深度学习算法在能耗方面的代价非常高。因此，在电池容量受限的可穿戴设备上运行的深度学习应用只能通过与资源丰富的云端无线连接实现。这种方案有一些缺点。首先，存在隐私问题。云计算要求用户与远程系统共享其原始数据——图像、视频、位置和语音。大多数用户都不愿意这样做。其次，云计算方案要求用户始终保持连接状态，在当前的蜂窝网络覆盖范围下这是不可行的。此外，实时应用需要低延迟的连接，而当前的通信基础设施无法保证这一点。最后，无线连接的效率很低——在供能受限的平台上，每个待传输的信息位需要太多能量才能进行实时数据传输。所有这些问题（隐私、延迟、连接性以及昂贵的无线连接）都可以通过在边缘端实施计算来解决。寻找这一目标的实现方法是本书的主题。本书聚焦于使面向嵌入式应用的深度学习算法的能耗降至最低的技术，这些应用是运行在电池容量受限的可穿戴边缘设备上的。

　　只有当这些深度学习算法在可穿戴设备的计算平台提供的能量和功率预算内以更高能效的方式运行时，才有可能进行边缘计算。为了实现这一目标，需要在应用的所有设计层次上进行多项创新。首先可以开发更智能的应用，以实现统计上更高效的深度学习算法，进而在基于专门定制的电路构建的优化硬件平台上运行。最后，设计人员不应单独关注这些领域，而应协同优化硬件和软件，以建立能耗最低的深度学习平台。本书概述了设计此类系统可能的解决方案。

比利时鲁汶大学　Bert Moons

美国加利福尼亚州斯坦福大学　Daniel Bankman

比利时鲁汶大学　Marian Verhelst

ACKNOWLEDGEMENTS

致　　谢

感谢一些人和机构对这项工作的宝贵贡献。

感谢 Tom Michiels、Edith Beigne、Boris Murmann、Wim Dehaene、Tinne Tuytelaars、Ludo Froyen 和 Hugo Hens 对本书的评论和讨论。感谢 IWT 公司、Intel 公司、Qualcomm 公司和 Synopsys 公司的资金、软件和支持。感谢 CEA-LETI 公司的 Florian Darve 和 Marie-Sophie Redon，以及 imec/IC-Link 公司的 Etienne Wouters 和 Luc Folens 对 ASIC 设计后端的支持。

还要感谢所有合著者对本书手稿的贡献。感谢 Koen Goetschalckx、Nick Van Berckelaer、Bert De Brabandere、Lita Yang、Roel Uytterhoeven、Martin Andraud 和 Steven Lauwereins。

缩 写 词

as	（accuracy-scalable）	精度可调节
AC	（Approximate Computing）	近似计算
ANN	（Artificial Neural Network）	人工神经网络
ANT	（Algorithmic Noise Tolerance）	算法噪声容错
ASIC	（Application-Specific Integrated Circuit）	专用集成电路
ASIP	（Application-Specific Instruction-set Processor）	专用指令集处理器
BW	（BandWidth）	带宽
CDAC	（Capacitive Digital to Analog Converter）	电容式数模转换器
CM	（Common-Mode）	共模
CNN	（Convolutional Neural Network）	卷积神经网络
CONVL	（Convolutional Layer）	卷积层
CPU	（Central Processing Unit）	中央处理器
CSA	（Carry Save Adder）	进位保留加法器
DAS	（Dynamic-Accuracy-Scaling）	动态精度调节
DVAS	（Dynamic-Voltage-Accuracy-Scaling）	动态电压精度调节
DVAFS	（Dynamic-Voltage-Accuracy-Frequency-Scaling）	动态电压精度频率调节
EDA	（Electronic Design Automation）	电子设计自动化
EDP	（Energy Delay Product）	能耗延时积
FCL	（Fully Connected Layer）	全连接层
FCN	（Fully Connected Network）	全连接网络
FPNN	（Fixed-Point Neural Network）	定点神经网络
GB	（GigaByte）	千兆字节
GOPS	（Giga-Operations Per Second）	每秒千兆次操作

GOPS/W　（Giga-Operations per Second per Watt）　　每瓦每秒千兆次操作

GPU　　　（Graphical Processing Unit）　　图形处理器

HPC　　　（High-Performance Computing）　　高性能计算

I2l　　　　（Input-to-label）　　输入到标签

IC　　　　（Integrated Circuit）　　集成电路

IoT　　　　（Internet of Things）　　物联网

ISA　　　　（Instruction Set Architect）　　指令集架构

LSB　　　　（Least Significant Bit）　　最低有效位

LSTM　　　（Long Short-Term Memory）　　长短期记忆

MAC　　　（Multiply-Accumulate）　　乘累加

MSB　　　（Most Significant Bit）　　最高有效位

MSBNN　（Mixed-Signal Binary Neural Network）　混合信号二值神经网络

NLP　　　（Natural Language Processing）　　自然语言处理

NPU　　　（Neural Processing Unit）　　神经处理单元

nas　　　　（non-accuracy-scalable）　　精度不可调节

nvas　　　（non-voltage-accuracy-scalable）　非电压精度可调节

QNN　　　（Quantized Neural Network）　　量化神经网络

RMS　　　（Recognition, Mining, and Synthesis）　识别、挖掘和综合

RNN　　　（Recurrent Neural Network）　　循环神经网络

SC　　　　（Switched-Capacitor or Switch-Cap）　开关电容器或开关帽

SGD　　　（Stochastic Gradient Descent）　　随机梯度下降

SotA　　　（State of the Art）　　最先进的

STE　　　　（Straight-Through Estimator）　　直通估计器

TOPS　　　（Tera-Operations per Second）　　每秒万亿次操作

TOPS/W　（Tera-Operations per Second per Watt）　每瓦每秒万亿次操作

V_t　　　　（threshold voltage of CMOS transistor）　CMOS 晶体管的阈值电压

V_{DD}　　　（typical name for the supply voltage）　电源电压的典型名称

VLIW　　　（Variable Length Instruction Word）　变长指令字

VOS　　　　（Voltage Over-Scaling）　　电压过调节

vas　　　　（voltage-accuracy-scalable）　　电压精度可调节

目　　录

第 1 章

嵌入式深度神经网络

1.1 简介

人类长期以来一直梦想着创造会思考的机器。自从可编程计算机的概念出现以来，人们一直想知道这些机器是否能够变得智能。今天，一些创造人工智能的目标已经实现。智能软件可以自动执行直观的任务，例如理解并翻译语音（Chiu 等人，2017）和解释图像（Krizhevsky 等人，2012a），甚至是在医学中进行可靠的基于图像的诊断（Esteva 等人，2017）。但对于人工智能领域中不那么直观的问题，例如达到类人水平的机器智能和意识的解决方案，仍然很遥远。

目前，通过让计算机从经验中学习并通过概念层次来模拟现实，人们解决了一类比较直观的问题，例如语音和图像识别。这些模型的数学表示通常是一个有许多层的深层的图。出于这个原因，这组最先进的（SotA）技术通常被称为深度学习。更具体地说，深度学习使用具有许多层的神经网络来表示这些抽象模型。对神经网络的研究可以追溯到 20 世纪 40 年代，但最近才在许多识别任务中取得突破并推进技术的发展。自 2012 年以来，深度学习算法在许多任务中表现出前所未有的优良性能，并且在人工智能挑战和竞赛中创下了历史纪录。在 2014 年，它们在视觉识别方面已超过人类的表现，从 2016 年以来则在语音识别方面超越人类，如图 1-1 所示。如今，人们已经开发出能够可靠地取代人类的一些感官和具有解释感官信号所必需的认知能力的机器，这在人类历史上是第一次实现。这对于开发机器人、自动驾驶汽车还有其他一些新兴应用至关重要。

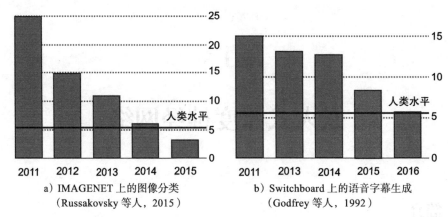

a）IMAGENET 上的图像分类
（Russakovsky 等人，2015）

b）Switchboard 上的语音字幕生成
（Godfrey 等人，1992）

图 1-1　深度神经网络在 1000 类的图像识别和实时语音字幕生成方面的错误率优于训练有素的人类

　　尽管这些网络非常强大，但从计算和硬件角度来看它们也非常昂贵。大多数深度学习算法都是计算和存储密集型的，需要几十兆字节的存储空间进行滤波器系数的存储，对每个输入需要进行数亿次操作。这样的高成本使得它们难以部署在常开的嵌入式系统或电池容量受限的系统中，例如智能手机、智能眼镜，甚至机器人、汽车和无人机等自动化载具。本书研究了新颖的应用、神经网络的适应性以及能够使这种常开的最先进的可穿戴感知能力的愿景成为现实的硬件架构和电路。

　　本章由 4 个主要部分组成。1.2 节将简要介绍机器学习中的一些一般概念。1.3 节将介绍深度学习技术，讨论人工神经网络（ANN）、卷积神经网络（CNN）、循环神经网络（RNN），以及如何有效地训练它们。这些算法知识是本书其余部分的基础。1.4 节是一个文献综述，讲述在电池容量受限的设备上开展嵌入式深度学习的挑战，以及现有的可以实现这一点的方法和研究方向。最后，1.5 节将概述笔者对嵌入式和常开的神经网络推理这一最终目标的研究贡献。

1.2　机器学习

　　机器学习算法是一种能够从数据进行学习的算法（Goodfellow 等人，2016）。在这里，学习这一概念可以按照 Mitcheel（1997）的说法来理解："如果一个计算机程序在某些任务 T 上的表现由性能度量 P 来衡量，通过经验 E 来提升，那么可以说这个程序从经验 E 中学习了任务 T 和性能度量 P。"以下概述基于 Goodfellow 等人（2016）的介绍，这是该领域非常优秀的一个介绍。

1.2.1　任务 T

在机器学习应用中有一些任务 T 被作为目标，比如机器学习被用于回归分析（Huang 等人，2012）、转录（Shipp 等人，2002）、机器翻译（Cho 等人，2014；Bahdanau 等人，2014）、异常检测（Chandola 等人，2009；Erfani 等人，2016）、去噪（Vincent 等人，2010）和综合技术（Ze 等人，2013；Rokach 等人，2012）。在这个背景下，最重要的是**分类**（Glorot 等人，2011；LeCun 等人，2015）任务。

此任务要求机器分辨输入属于哪个类别 k。分类任务的一个例子是目标识别，其中输入是输入图像，输出是标示图像中的目标的数字代码。另一个例子是语音识别，其中输入的音频波形被转换成归类过的音素或单词的序列。大多数现代目标分类任务都可以使用深度学习算法来很好地达成。因此，基于深度学习的分类应用是本书的主要关注点。

1.2.2　性能度量 P

性能度量 P 是机器学习算法性能的定量指标。

P 的意义根据手头的任务而有所不同。对于检测任务，或者说两类分类问题，对 P 的度量是**精度**（返回的正确的正例数除以所有返回的正例数）和**召回率**（返回的正确的正例数除以所有的正例数）。更一般地，在分类和转录任务中，P 是**准确率**或**错误率**。在这里，准确率是正确分类的样本占所有样本的比例。

为了评估机器学习算法对以前从未见过的数据的性能（就像在现实世界中会发生的那样），在**测试集**上验证 P 是至关重要的，测试集与用于训练这个系统的数据是分开的。

1.2.3　经验 E

机器学习算法可以通过获取更多经验 E 来提高其在任务 T 上的性能度量 P。根据算法在学习过程中可以访问的 E 的类型，可以将算法分为**有监督**和**无监督**两种。

1. 有监督学习

有监督学习算法会从一个数据集中学习，其中每个样本都与一个标签或目标相关联。它们学习根据输入 x **预测**目标 y。该过程类似于教师告诉学生该做什么，从而指导他们去预测正确的结果。

2. 无监督学习

有监督学习算法会从一个数据集中学习到该数据结构的有用属性。从根本上说，它们建模了数据集属性的概率分布。在无监督学习中，没有提供标签或目标，这使其比有监督学习困难得多。算法必须在没有任何监督的情况下理解数据。无监督学习算法的例子包括主成分分析和 k- 均值聚类。

本书其余部分将仅关注利用有监督学习的算法和应用。

1.3　深度学习

深度学习的快速发展始于几项优秀的著作（LeCun 等人，2015；Goodfellow 等人，2016；Li 等人，2016）。数十年来，尽管传统的机器学习技术以原始形式处理自然数据的能力比较有限，但它们在目标识别方面一直是最先进的技术。图 1-2a 说明了传统机器学习的工作方式，构造一个模式识别或机器学习系统需要认真的工程设计和相当多的领域专业知识，这样才能设计出能将原始数据（例如图像的像素值）转换为合适的内部表示或特征向量的特征提取器；学习子系统通常是一个分类器，它会根据该内部表示或特征向量进行分类，从而检测或分类输入的模式。在计算机视觉领域中，此类特征可以是边缘、梯度、特定颜色或更自动化的形式，例如 SURF（Bay 等人，2006）或 HOG（Dalal 和 Triggs，2005）。

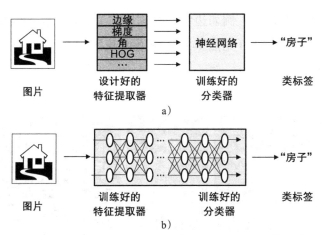

图 1-2　比较 a）使用手工设计的特征的机器学习经典方法和 b）作用在原始输入上的机器学习的多层表示方法

深度学习的概念打破了这种使用手工设计特征的传统，因为它是一种表征学习（LeCun 等人，2015）。表征学习是一类允许向机器提供原始数据并自动发现检测或分类所需表征形式的方法。这在图 1-2b 中进行了说明，其中原始输入图像被送到深度学习系统。深度学习算法使用了多层次的表征形式。它们是由非线性模块组成的多层系统，每个模块将输入表征形式（例如，从输入图像开始）转换为更高、更抽象级别的输出表征形式。如果将许多这样的层或许多这样的转换组合在一起，则可以学习到非常复杂的功能。

图 1-2 说明了经典的机器学习方法与具有代表性的深度学习方法之间的区别。深度学习的关键点是这些层的特征，它们不是由人类工程师手工设计的，它们是使用通用学习程序从数据中学习的，通常是随机梯度下降（请参阅 1.3.4 节）的某种形式。如图 1-1 所示，该策略已被证明对机器学习和模式识别方面的许多最新突破非常有效且至关重要。

在优化方法的约束下（参见 1.3.4 节），在有代表性的深度神经网络中生成的中间特征不是人类专家的手工设计，而是数学上的最佳选择。这些特征可以通过 Olah 等人（2017）的强大工具进行可视化，生成类似于图 1-3 所示的图。图 1-3 显示了 GoogleNet（Szegedy 等人，2015）如何建立其对多层图像的理解。如图 1-3a 所示，第一层提取一些低层次特征，例如边缘和对比度的变化。更深的层使用这些信息提取更复杂的特征，例如纹理（见图 1-3b）、图案（见图 1-3c）、部分（见图 1-3d），直到整个目标（见图 1-3e）。

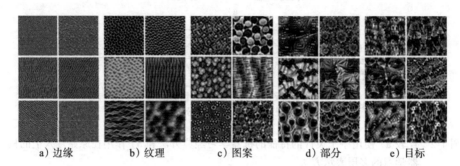

a）边缘　　　　b）纹理　　　　c）图案　　　　d）部分　　　　e）目标

图 1-3　GoogleNet（Szegedy 等人，2015）从 IMAGENET（Russakovsky 等人，2015）数据集上学习到的特征的可视化，本图来自 Olah 等人（2017）的研究。学习到的这些特征从 a）第一层中的简单特征变化到 e）最后一层更加复杂与抽象的特征

本节的其余部分介绍并讨论了 3 种类型的典型神经网络架构，这些架构在深度学习中被用于执行上述的自动特征提取功能。基础的深度前馈神经网络将在 1.3.1 节中讨论。卷积神经网络（CNN）将在 1.3.2 节讨论，其优化形式有利于建模空间相关性和利用稀疏交互、参数共享、等价表示等。循环神经网络（RNN）用于建模序列相关性，尽管它们在一定程度上超出了本书的讨论范围，但本书还是将在 1.3.3 节中讨论一下。最后，1.3.4 节将深入探讨如何有效地训练和正则化大规模神经网络的一些细节。

1.3.1　深度前馈神经网络

深度前馈神经网络也称为多层感知器、稠密或全连接的网络（Fully Connected Network，FCN）、人工神经网络（Artificia Neural Network，ANN）。它们是源于 20 世纪 40 ~ 60 年代的经典深度学习模型。深度前馈神经网络没有内部反馈连接，因此得名。深度为 n 层的网络将计算函数 $f(x) = f^{(n)}(\cdots f^{(2)}(f^{(1)}(x)))$，式中 $f^{(1)}$ 是网络**输入层**，$f^{2\cdots n-1}$ 被称为**隐藏层**，而 $f^{(n)}$ 是网络**输出层**。在训练过程中，训练 $f(x)$ 使其尽可能接近给定问题评估过的真值 $f^*(x)$。这样的网络被称为神经网络，因为它们的发明在某种程度上受到神经科学的一些启发。

图 1-4 所示是一个三层**深度**前馈神经网络的示意图。它具有一个输入层、一个输出层以及一个隐藏层。每个层的尺寸称为层的**宽度**。这个例子中每层的宽度为 3。这样的层中的每个单元或称为神经元，对输入特征向量执行点积运算，或执行其他从向量到标量的函数运算，可生成单个输出特征。一个完整的层包含神经元构成的向量，因此可以实现对输入特征向量 x 执行一个向量到向量的函数。为了使此类网络能对非线性函数 f 建模，需要将非线性激活函数添加到神经元的功能中。通常使用的选项有 sigmoid（S 形）函数 $a(z) = \sigma(z)$、双曲正切函数 $a(z) = \tanh(z)$ 或各种形式的整流线性单元（ReLU）$a(z) = \max(0, z)$。因此，单个神经元的功能可以用下式描述：

$$O = a\left(\sum_{m=0}^{M} W[m] \times x[m] + B\right) \tag{1-1}$$

式中，a 可以是上面列出的任何激活函数。

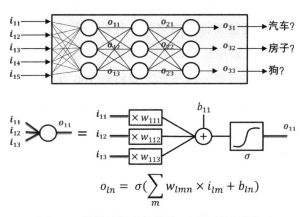

$$o_{ln} = \sigma\left(\sum_{m} w_{lmn} \times i_{lm} + b_{ln}\right)$$

图 1-4　简单的深度前馈神经网络的图形表示

从代数的角度来看，单个全连接层（Fully Connect Layer，FCL）可以看作具有每个神经元加性标量偏置 B 的向量 – 矩阵（输入向量为 x，权重矩阵为 W）乘积，然后逐个元素应用激活函数 a。这意味着 FCN 可以通过针对 x86 和 RISC CPU 的高度优化的 BLAS 和 GEMM 库得到支持。

根据**万能逼近定理**（Hornik 等人，1989），可以证明上述前馈网络能够逼近 $\mathbb{R}^n$ 的封闭且有界子集上的任何连续函数，但网络必须至少包含一个具有足够数量的隐藏单元的隐藏层，并且使用"挤压型"激活函数，例如 σ 和 ReLU 函数。因此，人们试图学习的任何函数都可以用足够大的深度前馈神经网络来表示。但是，这并不意味着一定也可以训练该网络以匹配此函数。训练算法可能会陷入局部最小值，或者在过拟合时收敛到错误的函数。最重要的是，当使用平整拓扑和优化技术时，更深的网络会遭受梯度消失的影响（Hochreiter 等人，2001）。这意味着第一层中权重的梯度变得太小，以至于无法显著更新。通常，学习复杂的非线性函数可能需要的巨型网络无法用当前技术进行训练。1.3.4 节中将给出有关防止过拟合的正则化和优化算法的详细信息。

1.3.2   卷积神经网络

尽管深度前馈神经网络是一个通用的函数逼近器，但它确实存在一些缺陷，主要与训练它们的难度有关。卷积神经网络（Convolutional Neural Network，CNN）是尝试解决这些有缺陷的深度前馈神经网络的一种特殊形式。首先，在图像等高维输入数据上，当深度前馈输入层全连接时，其尺寸将变得巨大。例如，在 VGA（视频图像阵列）图像上进行操作的单个神经元需要将近 100 万个权重。即使使用强正则器，如此大量的参数也会导致过拟合（1.3.4 节）。对于许多应用（尤其是视觉应用）而言，这种全连接是过度的。在视觉分类任务中，最初仅有与模型相关的边中（3–10）×（3–10）的局部连接是重要的。在此类应用中，利用**稀疏连通性**是减少神经模型中权重数量的一种方法。此外，相同的图案可以出现在图像的任何位置，因此在输入图像的多个位置使用相同的滤波器是合理的。**参数共享**则是减少神经模型的内存需求并提高其统计效率（即达到给定准确率所需的操作数）的另一种方法。

如图 1-5 所示，CNN 确实利用了上述的**稀疏连通性**和**参数共享**这两个特性来提升神经网络模型的统计效率并提高其可训练性。这些网络是受视觉神经科学启发的一种 ANN。它们是由用于特征提取的多个堆叠的卷积层、非线性层和池化层组成的级联结构，后跟少量用于分类的全连接神经网络层。在最新的 CNN 模型中，级联阶数从最少 2 个（LeCun 等人，1998），通常为 10 ～ 20 个（Simonyan 和 Zisserman，2014a），发展到 100 多个（He 等人，2016a），结尾则通常为 1 ～ 3 个全连接层（Krizhevsky 等人，2012a），用于分类。

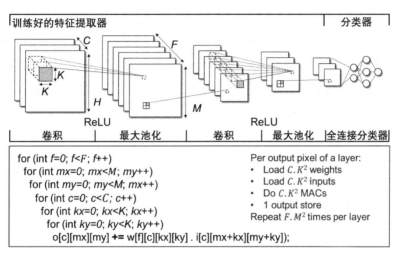

图 1-5　多层 CNN 的典型例子

卷积层（CONVolutional Layer，CONVL）具有图 1-5 和表 1-1 中列出的拓扑参数，可将输入特征图（I）转换为输出特征图（O），每个特征图包含多个单元。输出特征图 ($M \times M \times F$) 上的每个单元，通过滤波器组 $W(K \times K \times C \times F)$ 中的一个滤波器 $W[F](K \times K \times C \times 1)$，连接到输入特征图中的一小块局部单元 $(K \times K \times C)$，滤波器由一组通过机器学习得到的权重和每个输出特征图对应的偏置（B）组成。下式给出了形式上的数学描述：

$$O[f][x][y] = a\left(\sum_{c=0}^{C} \sum_{i=0}^{K} \sum_{j=0}^{K} I[c][Sx+i][Sy+j] \times W[f][c][i][j] + B[f] \right) \qquad （1\text{-}2）$$

式中，a 是典型的激活函数，例如 ReLU；S 是跨度；x、y、f 的取值范围是 $x, y \in [0, \cdots, M]$ 和 $f \in [0, \cdots, F]$。

图 1-5 展示了式（1-2）可以简单地由深层嵌套循环来实现。

表 1-1 CONVL 的参数

参数	描述	范围
F	每层的滤波器数量	16～512
H	输入特征图的宽度和高度	16～227
C	输入特征图的通道数量	3～512
K	滤波器平面的宽度和高度	1～11
M	输出特征图的宽度和高度	16～227

以此滤波器组计算出的局部和的结果输入**非线性层**，通常为 ReLU，即使用非线性激活函数 $a(z) = \max(0, z)$ ，其中 z 是特征图的一个单元。该激活函数在网络的反向传播训练中减少了梯度消失问题（Hochreiter 等人，2001），并且由于未激活的输出而导致高度的稀疏性。

最大池化层仅计算特征图中输出单元的局部块（通常为 2×2 或 3×3）的最大值并输出。因此，它们减小了特征表示的维度，并为输入中的小位移和失真建立了不变性。

最后，在 CNN 算法中，**全连接**（FC）**层**被用作分类器。FC 层在这里也被描述为矩阵 – 向量乘积 $O[z] = \sum_{m=0}^{M} W[z,m] \times I[m] + B[z]$ ，等价于式（1-1），其中 M 是向量化的输入特征图的大小，$z \in [0, \cdots, Z]$ 是全连接层中神经元的数量。由于所有使用的权重在前向计算中仅使用一次，因此在这些层中没有权重复用。由于观察到这一事实，Han 等人（2016）和 Reagen 等人（2016）提出了不同于 CONVL 的、用于 FC 层的硬件加速器架构。一般而言，针对每个特定应用，以级联级数和模型参数 F、H、C、K、M 的值来描述的最佳网络架构会有所不同。

早期性能最高的算法是 AlexNet（Krizhevsky 等人，2012a），它在 IMAGENET 上取得了当时最佳结果的突破性成果，激发了这一次神经网络研究的高峰；而 VGG-16（Simonyan 和 Zisserman，2014b）是与此相同的 "朴素" CNN 算法更深的版本。这两种实现都遵循此处讨论的相同的基本网络拓扑。这两个网络在卷积网络之后都使用大量的全连接网络，这使得网络庞大且统计效率低下。

见表 1-2，总的网络权重数量由 FC 层权重（大于 90% 的总网络大小）支配，而计算量则主要由 CONVL（大于 90% 的总网络 MAC 操作数）支配。

表 1-2　FC 层与 CONVL 的模型尺寸和计算复杂度比较

网　　络	CONV 尺寸 [#w]	FC 尺寸 [#w]	CONV 操作数 [#MAC]	FC 操作数 [#MAC]
LeNet5（LeCun 等人，1998）	25.5k	405k	1888k	405k
AlexNet（Krizhevsky 等人，2012a）	2.3M	58.6M	666M	58.6M
VGG-16（Simonyan 和 Zisserman，2014a）	14.7M	124M	15.4G	124M
SqueezeNet（Iandola 等人，2016）	733k	0	746M	0

存在几种更高级的 CNN 形式。该研究领域中的大多数工作都在提高模型拓扑的统计效率，即最小化实现某个非线性函数所需的运算量和存储要求。这将在 1.4 节中详细讨论。

最著名的例子是 He 等人（2016b）、Zagoruyko 和 Komodakis（2016）以及 Xie 等人（2017 年）提出的各种形式的**残差神经网络**（Residual Neural Network，ResNet）。残差神经网络的架构有所变化，这使得它们比"朴素"神经网络更深。从本质上讲，"朴素"神经网络中梯度消失的问题（Hochreiter 等人，2001）可以通过添加各种形式的残差连接而得以最小化。函数 $f(x)$ 通常被 $f'(x) = f(x) + x$ 取代。由于这些网络可能非常深，因此与对应的"朴素"神经网络相比，它们只需要更少的权重即可达到相同的准确率。图 1-6 展示了一些更先进的 CNN 构建模块的例子，其中图 1-6a 所示是残差模块。

其他值得注意的例子有**初始网络**（inception network），最初以 GoogleNet 架构（Szegedy 等人，2015）的形式提出。如图 1-6b 所示，该网络在 Szegedy 等人（2017）的残差架构（见图 1-6c）上进行了进一步的改进和嵌入。在初始网络中，如图 1-6b 所示，将单层划分为几个并行的层，每个层以不同的内核大小对同一输入数据进行操作。这使得网络能对空间和通道相关性进行建模（由于空间和通道相关性部分解耦），从而使其更易于训练。初始模型的一种极端形式是 **Xception**，其架构如图 1-7 所示，通过使用深度可分离的滤波器将空间和通道间的相关性完全分离（Chollet，2016）。如图 1-9 所示，最终的网络架构在相同的参数数量的情况下，比之前的初始网络模型略胜一筹。另一个比较新的类型是 **DenseNet**（Huang 等人，2016），它将一层的输出连接到所有后续层。与 ResNet 相比，就在 IMAGENET 数据集上的"准确率/权重"指标而言，效率仅高出 2 倍。然而，DenseNet 很有趣，因为它们可以分层使用（Huang 等人，2017），简单的样本在网络中较早被分类出来，而较困难的样本因为需要更高层次的特征，在网络中较晚被分类出来。此概念与第 2 章讨论的分层级联概念有关。目前，最高效的网络是基于 Xception 的 **Mobilenet**，该网络同样来自 Google 公司（Howard 等人，2017）。当前，就统计效率而言，MobileNet 是最先进的结果，它仅需最少的权重和计算量就可达到可用的准确率（见图 1-8）。

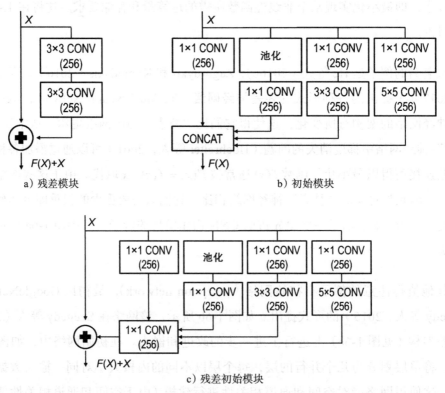

图 1-6　现代 CNN 中残差型和初始型的高级构建模块的示例。它们要么提高可训练性，
以允许更深层的网络，要么提高网络的统计效率或建模能力

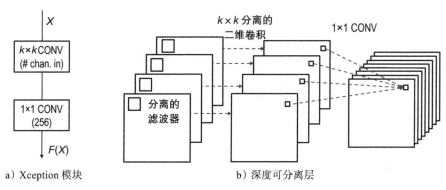

a）Xception 模块　　　　　　　　　　b）深度可分离层

图 1-7　MobileNets（Howard 等人，2017）中使用的最先进的 Xception 架构

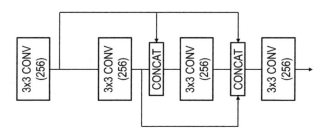

图 1-8　一个 4 层的 DenseNet 模块，每层都将先前的所有特征图作为输入

在图 1-9 和图 1-10 中汇集了对不同网络架构的有趣分析。这些是从 Canziani 等人（2016）的工作扩展而来的，并扩展到了 Moons 等人（2017d）的研究。图 1-9 和图 1-10 显示了最近的许多网络架构所需的计算数量和权重，作为在 IMAGENET 上获得的 top-1 准确率的函数。图 1-11 和图 1-12 展示了每个网络的"效率"：它们在每一种权重或每一种操作下获得的准确率。这些数据清楚地表明，与最早发布的深层模型 AlexNet（Krizhevsky 等人，2012a）和 VGG-16（Simonyan 和 Zisserman，2014b）相比，最新的 CNN 有了巨大的改进。整个分析非常重要，因为这些最先进的基于深度可分离过滤器的 MobileNet 中的数据流与前面讨论的"朴素"CNN 中的数据流有相当大的不同。

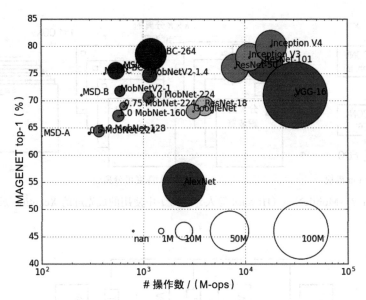

图 1-9　准确率－操作数－权重数空间中不同网络架构的性能。MSD 是多尺度 DenseNet（Huang 等人，2017），DN 是 DenseNet（Huang 等人，2016），MobNet 是 MobileNet（Howard 等人，2017）。圆的大小表示模型大小（以 MB 为单位）

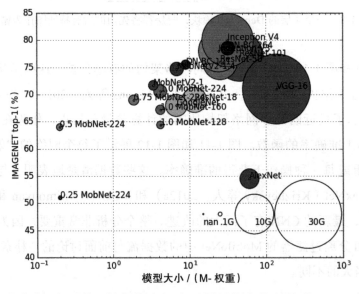

图 1-10　准确率－权重数－操作数空间中不同网络架构的性能。MSD 是多尺度 DenseNet（Huang 等人，2017），DN 是 DenseNet（Huang 等人，2016），MobNet 是 MoblieNet（Howard 等人，2017）。圆的大小表示必需的操作数（以兆次浮点操作为单位）

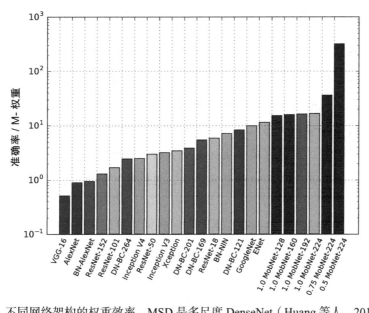

图 1-11　不同网络架构的权重效率。MSD 是多尺度 DenseNet（Huang 等人，2017），DN
是 DenseNet（Huang 等人，2016），MobNet 是 MobileNet（Howard 等人，2017）

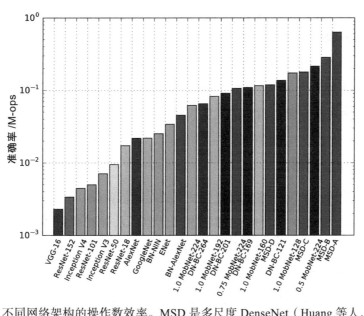

图 1-12　不同网络架构的操作数效率。MSD 是多尺度 DenseNet（Huang 等人，2017），
DN 是 DenseNet（Huang 等人，2016），MobNet 是 MobileNet（Howard 等人，
2017）

纵观全局

　　神经网络的当前性能在三维的操作数－权重数－准确率空间中进行了比较。如果网络以最少的必要操作数和最少的权重获得更高的准确率，则可以认为它是优秀的。但是，这并不一定意味着在相同的准确率下，这一网络比其他网络更快或更节能。与"朴素"网络相比，不同的网络拓扑（例如残差网络或深度可分离的过滤器）可能难以在现有硬件上进行部署。最重要的是，以上指标均未考虑特征图的大小，在非常宽或深的神经网络中，其能耗可能成为主要瓶颈。

　　本书第 5 章和第 6 章设计的系统不能高效地支持这些数据流，因此必须进行大量的重新设计，以使其适合最新的网络架构，例如 MobileNet。还要注意，CNN 社区仅在权重数量方面朝着最少的操作和最小的模型大小方面进行优化。但是，具有有限数量的权重和操作的网络不一定会带来最节能的解决方案。嵌入式平台上能耗的主要部分是在导入和导出特征图上。如果特征图很大，或者网络很深，就意味着它有很多中间特征图，则这些数据传输的能量将成为总能耗的主要部分。这在该领域中没有得到广泛关注，但 Sze 等人（2017）和 Moons 等人（2017a）的文章有简要介绍。例如，Sze 等人（2017）的工作显示，在等准确率情况下，Eyeriss（Chen 等人，2016）与 AlexNet（Krizhevsky 等人，2012b）相比，网络计算量减少至 1/50，但要比 AlexNet 本身多消耗 30% 能量。因此，该领域应直接朝着能耗指标迈进，而不是朝着间接能耗指标的方向，例如计算量和权重的数量被证明不足以衡量网络性能。

1.3.3　循环神经网络

　　传统的深度前馈神经网络难以建模长期的时间依赖性。循环神经网络（Recurrent Neural Network，RNN）是具有内部状态和回路的前馈神经网络，可以使信息持久保留。这在诸如自然语言处理、翻译、语音识别和视频处理的应用中很有用。目前，RNN 的最佳表现类型是长短期记忆（Long Short-Term Memory，LSTM）网络，因为它可以对非常长期的时间依赖性进行建模（Olah，2015）。

　　在 Olah（2015）的线上内容中可以找到 LSTM 网络的出色介绍。图 1-13 和图

1-14 来自此博客。图 1-13 显示了 RNN 的基本概念，图中神经网络 A 在时间 t 处接收一个特征向量 x_t 和前一个时间步的一部分输出值 c_t，然后将这两个输入进行组合以生成输出向量 h_t。图 1-13 显示了此类网络如何在时间上展开。图 1-14 显示了这种设置在 LSTM 网络中是如何实现的。每个 LSTM 模块都有 3 个向量：输入 x、状态 c 和输出 h。这些输入被其转换为新状态，并通过多个 LSTM 门将其输出，见下式：

$$
\begin{aligned}
f_t &= \sigma(W_f \cdot [h_{t-1}, x_t] + b_f) \\
i_t &= \sigma(W_i \cdot [h_{t-1}, x_t] + b_i) \\
C_t' &= \tanh(W_C \cdot [h_{t-1}, x_t] + b_C) \\
C_t &= f_t \odot C_{t-1} + i_t \odot C_t' \\
o_t &= \sigma(W_o \cdot [h_{t-1}, x_t] + b_o) \\
h_t &= o_t \odot \tanh(C_t)
\end{aligned}
\tag{1-3}
$$

式中，$\cdot$ 是点积；$\odot$ 是按元素相乘的乘法。

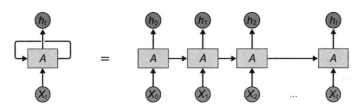

图 1-13　RNN，摘自 Olah（2015）的博客

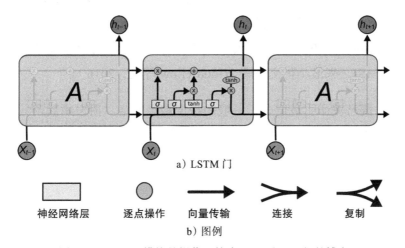

a）LSTM 门

神经网络层　　逐点操作　　向量传输　　连接　　复制

b）图例

图 1-14　LSTM 模块的操作，摘自 Olah（2015）的博客

因此，从式（1-3）可以清楚地看出，LSTM 模块的核心是 8（即 2×4）个深度前馈神经网络层。因此，针对前馈神经层优化的硬件在面对 LSTM 时也应该是优化过的。

1.3.4   训练深度神经网络

神经网络是有监督的学习算法，这意味着它们会根据"输入－标签"组合来学习如何预测目标。在实践中，它们通过梯度下降优化的不同变种进行训练。此处，**损失**函数的所有偏导数（一种用于将预测输出 y' 与真实 y 的差异衡量到网络中权重的方法）都是通过**反向传播**得出的。基于这些导数，**优化算法**确定在每次迭代中如何更新每个网络参数。此过程是在训练数据的庞大数据集上迭代执行的。如果数据集太小或多样性不足，则网络可能无法泛化并建模有代表性的测试集，而是会过拟合。目前有许多避免这种情况的**正则化技术**。完整的讨论超出了本书的范围，但是本节将介绍基本概念。有兴趣的读者可以参阅文献（Goodfellow 等人，2016）中的更详细的介绍。

1. 损失函数

通过基于梯度的学习方法优化一个函数，需要有可微分的损失函数。最好的情况是，由神经网络模型定义的分布应尽可能接近要表示的数据的分布。换句话说，应该针对最大似然性对模型进行优化。从数学上讲，这可以通过最小化训练数据的标签与模型的预测之间的交叉熵损失来实施。同样地，也可以通过最小化模型预测的均方误差（MSE）来最小化交叉熵（Goodfellow 等人，2016）。

分类交叉熵已被证明最适合于一般的深度神经网络。损失函数及其相对于输出 o_j 的导数给出如下：

$$L(t,o) = -\sum_{j}^{c} t_j \log o_j$$

$$\frac{\partial L}{\partial o_j} = \frac{-t_j}{o_j}$$

（1-4）

式中，C 是输出神经元的数量；目标类别的 t_j 为 1，否则为 0；o_j 是系统的预测输出值。

MSE 也经常用作损失函数。该函数及其对输出 o_j 的导数给出如下：

$$L(t,o) = \frac{1}{C} \sum_{j}^{C} \frac{1}{2}(t_j - o_j)^2$$
$$\frac{\partial L}{\partial o_j} = \frac{1}{C}(t_j - o_j) \tag{1-5}$$

也存在其他损失函数。通常在量化神经网络（见第 3 章）中使用的铰链损耗是一种最大间隔的损失函数。Janocha 和 Czarnecki（2017）很好地概述了深度学习中典型损失函数的理论和实践表现。

2. 反向传播

一旦选择了良好的损失函数，就可以通过求导链式法则来计算该函数对模型中任何对结果有贡献的权重或偏置的偏导数。反向传播是一种高效的算法，可以按照特定的操作顺序来计算链式法则。该链式法则如下：

$$\frac{\partial z}{\partial x} = \frac{\partial z}{\partial y} \frac{\partial y}{\partial x} \tag{1-6}$$

可以使用相同的原理来计算损失函数关于模型中连接神经元 j 和先前神经元 i 的任何权重 w_{ij} 的偏导数。假设 o_j 是将输出 z_j 转换为输出单元的 softmax 或 sigmoid 激活函数，损失函数对该权重的偏导数为

$$\frac{\partial L}{\partial w_{ij}} = \frac{\partial L}{\partial o_j} \frac{\partial o_j}{\partial z_j} \frac{\partial z_j}{\partial w_{ij}} \tag{1-7}$$

或者，更一般地：

$$\frac{\partial L}{\partial w_{ij}} = \sum_{p} \left[\frac{\partial L}{\partial o_p} \left(\sum_{k} \frac{\partial o_p}{\partial z_k} \frac{\partial z_k}{\partial w_{ij}} \right) \right] \tag{1-8}$$

式中，$\sum_{p}$ 是所有输出单元的求和；$\sum_{k}$ 是所有对 o_p 贡献的输入的求和。

通常，由于先前求和中的大多数项将变为零，此公式会大大简化。

3. 优化

由于在深度学习中最小化损失函数是一个非凸优化问题，因此非常鲁棒的优化算法是必要的。不然，优化可能会陷入许多局部最小值中，而不是收敛到损失函数的全局最小值。因此，通常利用**随机梯度下降**（Stochastic Gradient Descent，SGD）算法的变种来训练神经网络。

SGD

SGD（LeCun 等人，1998）是基础的梯度下降优化的随机近似，其中梯度是根据包含 $N \gg m$ 个样本的总数据集中的 m 个样本的平均损失通过反向传播估算的。然后，通过 $\theta = \theta - \epsilon g$ 更新所有参数 θ，其中 g 是每个参数的梯度估计，而 ϵ 是较小的学习率。与梯度在完整训练集上计算的"朴素"梯度下降相比，此迭代方法具有多个优点。首先，使用 SGD 法，每次更新的计算时间不会随着训练样本的数量而增加，而只会随着批大小 m 的增加而增加。m 通常很小，范围为 16 ~ 256。更重要的是，即使在接近最小值时，SGD 也会引入噪声。这样可以防止算法收敛到局部最小值，但也可能根本无法收敛。在实践中，为了避免这种情况，学习率通常会随着训练的进行而降低。

动量

动量是 SGD 的扩展，可加快学习过程。动量积累过去梯度的指数衰减移动平均值，并继续沿其方向移动。此时权重更新公式为 $\theta = \theta + v$，其中 $v = \alpha v - \epsilon g$。这里 $\alpha \in [0, 1]$ 是一个确定指数衰减速度的超参数。g 同样是在小批样本上计算的梯度估计。如果 α 较大，则以前的梯度的贡献将较大。这通常会导致更快的收敛时间。动量与 SGD 的概念对比如图 1-15 所示。

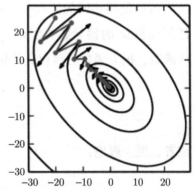

图 1-15　动量法（浅色）相对于普通 SGD（深色）的表现。图取自 Goodfellow 等人（2016）的工作

目前存在许多不同的优化算法。Adagrad（Duchi 等人，2011）、RMSprop（Tieleman 和 Hinton，2012）和 Adam（Kingma 和 Ba，2014）是具有自适应学习率的例子。Ruder（2016）很好地概述了不同方法的性能。

除了优化策略，**初始化**也很关键。存在几种初始化策略，但它们不在本书的讨论范围之内。

训练现代神经网络的另一种技术是批归一化（Ioffe 和 Szegedy，2015），这是训练非常深的模型的关键。在梯度下降中，所有参数都是在所有其他参数保持不变的前提下更新的。事实当然是这种情况，并且可能导致意外的、不稳定的结果。一层参数更新的效果在很大程度上取决于所有其他层。在批归一化中，通过对网络进行重新参数化以缓解此问题。在批归一化中，一小批样本的特征图 F 被重新参数化为 F'：

$$F' = \frac{F - \mu}{\sigma} \tag{1-9}$$

式中，μ 和 σ 是一小批特征图的均值和标准差。然后，通过下式替换特征图来恢复表达性能：

$$F'' = \gamma F' + \beta \tag{1-10}$$

式中，γ 和 β 是可训练的标量参数。

这种新的参数化可以代表与以前相同的功能，但是具有非常不同的、更容易学习的动态特性。

4. 数据集

为了在给定任务上实现高准确率，神经网络必须在大量的各种数据上训练。如果没有足够的数据提供给网络，它可能不会泛化并开始过拟合。收集大量带标签的训练数据对于深度学习工作至关重要。开源数据集在语音识别、自然语言翻译和计算机视觉方面非常丰富。但是在许多其他领域中却不是这样，无法收集足够的带标签数据是深度学习技术在其最常见领域之外应用的主要障碍。到目前为止，大多数深度学习技术已经建立起来，下一步应该是找到自动方法来收集语音、自然语言处理（Natural Language Processing，NLP）和计算机视觉之外的复杂数据。

典型的训练集分为**训练**和**验证**子集。训练子集被分为几批，并在 SGD 过程中使用，以通过权重更新来最小化此数据的损失函数。以给定的时间间隔（通常为一个周期），在验证子集上测试模型的损失和准确率。验证集用于跟踪训练算法的性能。它可以被用来判断何时停止训练以防止网络过拟合。因此，验证可以看作训练集的一部分，因为它是训练过程的组成部分。

在理想情况下，**测试**集完全独立于训练集。测试集用于测试模型如何推广到未知和看不见的样本。因此，训练算法在训练过程中不应看到测试集的任何样本。

以下是贯穿本书经常出现以及通常在计算机视觉中应用的数据集的示例：

1）MNIST（Le Cun 等人，1990）是手写数字的小数据集。它包含 7 万张 28×28 的灰度图像。该数据集通常不被用来判断新网络架构的性能，而是用作代码开发中的快速测试案例。该基准的 SotA 准确率超过 99%。

2）CIFAR-10（Krizhevsky 和 Hinton，2009）是一个小型数据集，包含 10 个类别，例如马和汽车。该组包含 6 万张 32×32 的 RGB（红绿蓝）彩色图像。尽管比 MNIST 复杂得多，但该数据集主要用于快速评估新的训练框架或网络架构。CIFAR-10 上算法的良好性能不一定与广泛应用中的系统的良好性能相对应。该基准的 SotA 准确率超过 95%。

3）SVHN（Netzer 等人，2011）是真实世界的图像数据集，其中包含自然场景图像中 0～9 的数字。SVHN 是从 Google 公司街景图像中的真实门牌号获得的。数据集包括一个 73 000 张图的训练集、一个 26 000 张图的测试集以及一个 531 000 张图的额外训练集，它们都是 32×32 的彩色图像。在这项工作中，仅使用了 30% 的额外训练数据。

4）IMAGENET（Deng 等人，2009）是一个大规模的视觉识别数据集，包含 1000 个类别，其中包括几种犬种、金鱼、山脉、汽车等的图像。完整的数据集包括 150GB 256×256 的 RGB 图像。因此，在 IMAGENET 上训练网络是一项长期而烦琐的任务，但是通常认为此数据集的良好性能可以很好地衡量网络的应用性能。

其他常用的数据集有 CIFAR-100（Krizhevsky 和 Hinton，2009）、Pascal VOC（Everingham 等人，2010）和 COCO（Lin 等人，2014）。

5. 正则化

如果网络在其训练数据上表现良好，但在新的没见过的输入上表现不佳，则表示网络**过拟合**。欠拟合和过拟合的概念如图 1-16 所示。当模型的**训练误差**（在训练集上计算）比其**泛化误差**（在测试或验证集上计算）低得多时，网络就过拟合。反之，当模型无法在其训练集上获得足够低的误差值时，则为**欠拟合**。当使用的参数数量（即网络的容量）远大于训练样本的数量时，通常会发生过拟合。欠拟合可以通过增加模型容量（通过更深、更广的网络）来解决，而这又可能导致过拟合。

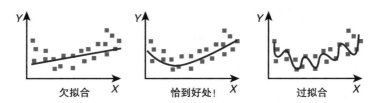

图 1-16　欠拟合和过拟合的图示，取自 Gondaliya（2014）的研究

有许多有效的正则化技术可以避免模型过拟合：

1）**数据增强**是使模型更好地泛化的有效手段。数据增强生成伪数据并将其添加到训练集中。在图像识别中这很简单：翻转、平移、旋转、改色后的图像仍然是同一类别的表示。在现实世界中，系统自然地会遇到这种变化。因此，增强的数据集将更好地表示无处不在的噪声。数据增强也可以应用于语音，但不能应用于许多其他任务，例如 NLP。如果无法进行数据增强，则必须使用其他技术。

2）**参数规范惩罚**通常普遍适用。在这种方法中，将一个惩罚添加到损失函数以最佳地限制模型的容量。总损失函数变为 $L = L(\theta, y) + \alpha \rho(\theta)$，其中 $L(\theta, y)$ 是像以前一样的损失函数，它优化了准确率，而 $\rho(\theta)$ 仅取决于参数集合 θ 的值。在 L^2 正则

化或**权重衰减**中，通过 $\rho(\theta) = \frac{1}{2}|w|_2^2$ 将权重驱动为接近零的值。这将迫使参数更新朝着对减少目标函数有重大贡献的方向进行，与不重要方向相对应的参数将被优化掉。在 L^1 正则化中，$\rho(\theta) = |w|_1$。这种正则化将导致解决方案更稀疏，权重的一个子集将变为零，这可以视为一种特征选择机制（Goodfellow 等人，2016）。

3）Dropout（Srivastava 等人，2014）是一种正则化方法，其中某些连接在每次迭代中都随机置零。读者可以参考 Goodfellow 等人（2016）开展的理论分析。

4）**对抗训练**（Goodfellow 等人，2014）是一种防止过拟合的方法，该方法使用对抗性摄动的图像作为训练样本来提高网络准确率。

6. 训练框架

上面讨论的所有技术都不必从头开始实现。存在许多开源的深度学习框架，这些框架有助于通过高性能的反向传播计算系统，比如 CPU（中央处理器）和 GPU（图形处理器），来训练不同的神经网络拓扑。决定使用哪个框架的重要因素如下：①用户群的大小；②可用代码示例和预训练模型的数量；③提供的支持；④其调试功能。下面列出了一个并不详尽的备选清单：

1）Tensorflow（Abadi 等人，2015）由 Google 公司开发并提供支持。它由庞大的专家团体使用，提供开源的实施和 SotA 网络的预训练模型。Keras（Chollet 等人，2015）是一个 Tensorflow 包装器，为快速数据加载、数据增强等提供支持。Tensorflow ①用户基础庞大；②有大量代码可供使用；③框架已通过 Google 公司进行了充分的文档说明和支持；但是④由于所有网络图都是静态且已预先编译的，因此难以调试，并不是即时的（如 Python 默认的那样）。这意味着计算会很快，但是调试可能会很困难，尽管有一些支持。

2）Pytorch（Paszke 等人，2017）和 Torch 是基于 Lua 的开源框架，拥有广泛的用户基础。随着 Facebook 公司对 Pytorch 的不断推动，它拥有不断增长的用户基础并支持（①、②、③）。在 Pytorch 中，图是动态的，并且是动态生成的，这使它们的计算变慢，但更易于调试（④）。

3）Theano（Theano 开发团队，2016）是一个本质上类似于 Tensorflow 的学术

项目，也使用静态图（④）。Lasagna（Dieleman 等人，2015）是类似于 Keras 的包装器，专门用于 Theano。由于 Theano 于 2017 年停止更新，因此它在（①、②、③）上得分很差。因为本书中将其用于多个项目，所以仍然将它在此处列出。

4）Caffe（Jia 等人，2014）是一个具有静态图（④）的学术项目，现已演变为 Caffe2。由于 Caffe 是最早的框架之一，因此它迅速建立了庞大的用户群（①、②、③）。Caffe 也在此处列出，因为在本书中它一直用于实验。

一般而言，虽然似乎 Tensorflow 至少会保留下来，但被广泛使用的深度学习框架变化很快。在本工作的整个过程中，笔者 3 年来从 Caffe 迁移到 Theano 和 Tensorflow。这种流动性使某些行业无法采用任何框架，因为它们无法确定自己在开发方面的投资是否会有所回报。如今，一些行业的努力正在使深度学习框架标准化，这将缓解这些问题。

1.4　嵌入式深度神经网络的挑战

如前所述，深度学习技术已广泛应用于图像识别以及其他识别和模式匹配任务。目前，通常在**云中**的高耗电的 CPU 服务器或 GPU（见图 1-17a）上执行深度网络的训练，并且执行新分类任务的推理。这种设置给可穿戴设备带来了许多问题：首先，由于可穿戴应用程序要始终连接到云，会导致延迟和连接性问题；其次，由于用户必须与提供商共享原始数据（例如图像和语音），这种方式会带来隐私问题；最后，与云的无线连接效率很低，会很快耗尽电池电量。出于这些原因，强烈需要将推理步骤从云迁移到**边缘**：移动设备、可穿戴设备和物联网（Internet of Things，IoT）传感节点。如果可以开发出足够节能的边缘处理平台，这种新方式将缓解等待时间和隐私问题（见图 1-17），并延长电池寿命。

如图 1-18 所示，当前的商用设备缺乏对现实生活中的应用进行深度推理的能力。最近用于图像或语音处理的实时神经网络很容易需要超过 100GOPS ～ 1TOPS，同时每个网络评估需要获取数百万个网络参数（内核权重和偏置）。大量的操作和数据提取消耗的能量是在能量匮乏的毫瓦或微瓦级设备中进行嵌入式推理的主要瓶颈。

目前，微控制器和嵌入式 GPU 的效率仅限于 10s ～ 100s GOPS / W，而嵌入式的持续在线推理只有在系统级效率远远大于 10 ～ 16b-TOPS / W 的情况下才能真正实现。为此，一些改进的 GPU 和神经处理单元（Neural Processing Units，NPU）ASIC 最近被提出。但是即使从理论上讲这些系统现在已在移动智能手机应用程序范围内，但它们仍然不够高效，无法在约 1 mW 的常开功率范围内实现实时神经网络处理。图 1-18 更清楚地显示了这一点，图中显示了几代等准确率网络结构及其在不同功率预算下以 30 fps 实时运行所需的能效。尽管在过去几年中，算法和硬件方面都得到了改进，但是应用的需求和 SotA 平台可以提供的功能之间仍然存在巨大的效率差距。

图 1-17   现在的基于云端计算的在可穿戴平台上的嵌入式深度学习应用以及未来的基于
边缘端计算的在可穿戴平台上的嵌入式深度学习应用

但是，克服神经网络在常开应用中的处理和存储瓶颈是有可能的。这需要在应用程序、算法优化（修改网络拓扑）和硬件优化（修改处理器架构和电路）之间紧密地相互作用。寻找做到这一点的方法是本书的主题。

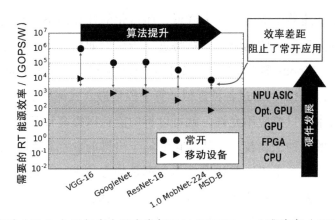

图 1-18　实时（30 fps）运行多个具有类似 IMAGENET top-1 准确率（69% ~ 71%）的
　　　　先进神经网络时，需要全系统的等效能源效率。尽管新的网络具有更高的统计
　　　　效率，但仍需要以优化的 GPU 和 NPU ASIC 形式进行硬件创新，以缩小能效
　　　　差距，特别是对于功率预算为 1 mW 的常开应用。最新的创新确实将硬件平台
　　　　带入了 100 mW 移动设备的功率预算之内。寻找提高能源效率的方法是本书的
　　　　主要内容

1.5　本书创新点

为了使嵌入式深度神经网络推理成为现实，必须在嵌入式系统的所有层次上进
行大量创新：在应用程序和算法层次、处理器架构层次以及电路层次。在整个博士
研究生期间，笔者通过各种研究项目，在应用、算法和电路这 3 个层次上为 SotA 做
出了贡献。希望这些贡献可以帮助在电池受限设备上实现常开的深度神经网络处理。

本书的结构如下：

1）第 2 章将讨论如何优化基于深度学习的典型检测应用，以在不牺牲任务 T 的
任何性能 P 的情况下，消耗尽可能少的能量。为此，介绍分层级联处理的一般概念，
并将其应用到 100 类面部识别系统中，与基于唤醒的场景相比，显示出最高 100 倍
的改进。Goetschalckx 等人（2018）的研究是对此主题的贡献。

2）第 3 章将讨论几种"硬件 – 算法"协同优化技术，这些技术通过压缩模型并
降低算术复杂度来降低深度学习算法的能耗。结果表明，通过使用量化的神经网络，

可以将神经网络加速器中的能耗大大降低，而量化的神经网络是在训练时将所有权重和激活都限制为特定值的网络。此章将进一步讨论如何针对最低能耗目标来协同设计硬件和算法。Moons 等人（2016，2017a）的研究是对此主题的贡献。

3）第 4 章将讨论如何通过各种近似计算手段使嵌入式深度学习更节能。这是一组主要的电路技术，只要应用允许，就可以折中能耗以提高计算精度。此章将讨论可以实现此目的的几种最新技术：从简化的易于出错的数字算术模块到电压过调节技术和模拟计算模块。由于这些技术大多数都是静态技术，即它们的折中在设计时就固定了，因此无法在量化神经网络（QNN）和分层级联处理的情况下使用，如第 2 章和第 3 章所述。因此，引入了动态电压精度频率调节（DVAFS），这是一种动态的近似计算方法，在相关文献中显示出最大的能量精度权衡。Moons 和 Verhelst（2015，2016，2017）以及 Moons 等人（2017b，c）讨论了笔者在 DVAFS 的模块级和系统级性能方面的贡献以及芯片实现的示例。

纵观全局

为了将基于神经网络的应用引入嵌入式移动设备和常开的设备上，必须在其设计层次结构的 3 个层次上进行协同优化。设计人员应在应用层次（第 2 章）、算法层次（第 3 章）以及硬件和电路层次本身（第 4 ~ 6 章）关注硬件方面的创新。

4）第 5 章将来自第 2 ~ 4 章的技术结合在一起以物理方式实现，讨论 Envision 的架构设计和 IC（集成电路）实现：这是一种 DVAFS CNN 处理器，具有可变精度，并针对实时、大规模的分层处理进行了优化。这些芯片首先在 Moons 和 Verhelst（2016，2017）和 Moons 等人（2017c）的论文中发表。

5）Envision 芯片效率很高，但不足以用于常开的唤醒处理系统。即它们不能用作在第 2 章中讨论的常开的检测器。第 6 章将讨论 BinarEye：一个常开的二进制 CNN 处理器家族，其所有存储器都在片上，可用作视觉唤醒传感器。BinarEye 利用两个关键思想来最大程度地减少其功耗和每个分类任务的能耗。首先，它的计算是在内存中进行的：这是一种大规模并行架构技术，可最大程度地减少数据搬移并因此将能耗降至最低。其次，BinaryNet 是 QNN 的一种极端形式，在这种形式中，算术复杂度被最小化，网络被最大程度地压缩了，尽管准确率略有下降。这使得计算可以在更高效的模拟域中进行。BinarEye 有两种形式：全数字 BinarEye 和混合信号二进制神经网络（Mixed-Signal Binary Neural Network，MSBNN）。因此，除了高效的神经网络实现，该项目还是比较数字和模拟计算的案例研究。MSBNN 和 BinarEye 在 Bankman 等人（2018）和 Moons 等人（2018）的论文中进行了介绍，是基于有关高级电压调节（Yang 等人，2018）和 CNFET 实现（Hills 等人，2018）的后续工作。

6）最后一章，即第 7 章，提供了已实现工作的概述，以及使电池受限设备上的常开的嵌入式神经网络的愿景变为现实所需的结论、趋势和未来工作。

参考文献

Abadi M, Agarwal A, Barham P, Brevdo E, Chen Z, Citro C, Corrado GS, Davis A, Dean J, Devin M, Ghemawat S, Goodfellow I, Harp A, Irving G, Isard M, Jia Y, Jozefowicz R, Kaiser L, Kudlur M, Levenberg J, Mané D, Monga R, Moore S, Murray D, Olah C, Schuster M, Shlens J, Steiner B, Sutskever I, Talwar K, Tucker P, Vanhoucke V, Vasudevan V, Viégas F, Vinyals O, Warden P, Wattenberg M, Wicke M, Yu Y, Zheng X (2015) TensorFlow: large-scale machine learning on heterogeneous systems. https://www.tensorfl w.org/, software available from tensorfl w.org

Bahdanau D, Cho K, Bengio Y (2014) Neural machine translation by jointly learning to align and translate. Preprint arXiv:14090473

Bankman D, Yang L, Moons B, Verhelst M, Murmann B (2018) An always-on 3.8umuj/classifica ion 86accelerator with all memory on chip in 28nm CMOS. ISSCC technical digest

Bay H, Tuytelaars T, Van Gool L (2006) Surf: speeded up robust features. In: Computer vision–ECCV 2006, pp 404 – 417

Canziani A, Paszke A, Culurciello E (2016) An analysis of deep neural network models for practical applications. Preprint arXiv:160507678

Chandola V, Banerjee A, Kumar V (2009) Anomaly detection: a survey. ACM Comput Surv 41(3):15

Chen YH, Krishna T, Emer J, Sze V (2016) Eyeriss: an energy-efficient reconfigurable accelerator for deep convolutional neural networks. ISSCC Dig of Technical papers, pp 262–263

Chiu CC, Sainath TN, Wu Y, Prabhavalkar R, Nguyen P, Chen Z, Kannan A, Weiss RJ, Rao K, Gonina K, et al (2017) State-of-the-art speech recognition with sequence-to-sequence models. Preprint arXiv:171201769

Cho K, Van Merriënboer B, Gulcehre C, Bahdanau D, Bougares F, Schwenk H, Bengio Y (2014) Learning phrase representations using RNN encoder-decoder for statistical machine translation. P arXiv:14061078

Chollet F (2016) Xception: deep learning with depthwise separable convolutions. Preprint arXiv:161002357

Chollet F, et al (2015) Keras. https://github.com/keras-team/keras

Dalal N, Triggs B (2005) Histograms of oriented gradients for human detection. In: IEEE computer society conference on computer vision and pattern recognition, 2005. CVPR 2005, vol 1. IEEE, New York, pp 886–893

Deng J, Dong W, Socher R, Li LJ, Li K, Fei-Fei L (2009) Imagenet: a large-scale hierarchical image database. In: Proceedings of the IEEE conference on computer vision and pattern recognition (CVPR), pp 248–255

Dieleman S, Schlüter J, Raffel C, Olson E, Sønderby SK, Nouri D, et al (2015) Lasagne: First release. http://dx.doi.org/10.5281/zenodo.27878

Duchi J, Hazan E, Singer Y (2011) Adaptive subgradient methods for online learning and stochastic optimization. J Mach Learn Res 12:2121–2159

Erfani SM, Rajasegarar S, Karunasekera S, Leckie C (2016) High-dimensional and large-scale anomaly detection using a linear one-class SVM with deep learning. Pattern Recogn 58:121–134

Esteva A, Kuprel B, Novoa RA, Ko J, Swetter SM, Blau HM, Thrun S (2017) Dermatologist-level classification of skin cancer with deep neural networks. Nature 542(7639):115–118

Everingham M, Van Gool L, Williams CK, Winn J, Zisserman A (2010) The pascal visual object classes (VOC) challenge. Int J Comput Vis 88(2):303–338

Glorot X, Bordes A, Bengio Y (2011) Domain adaptation for large-scale sentiment classification: a deep learning approach. In: Proceedings of the 28th international conference on machine learning (ICML-11), pp 513–520

Godfrey JJ, Holliman EC, McDaniel J (1992) Switchboard: telephone speech corpus for research and development. In: IEEE international conference on acoustics, speech, and signal processing, 1992. ICASSP-92, 1992, vol 1. IEEE, New York, pp 517–520

Goetschalckx K, Moons B, Lauwereins S, Andraud M, Verhelst M (2018) Optimized hierarchical cascaded processing. IEEE J Emerging Sel Top Circuits Syst. https://doi.org/10.1109/JETCAS.2018.2839347

Gondaliya A (2014) Regularization implementation in R: bias and variance diagnosis. http://pingax.com/regularization-implementation-r/s. Accessed 2018-02-01

Goodfellow I, Pouget-Abadie J, Mirza M, Xu B, Warde-Farley D, Ozair S, Courville A, Bengio Y (2014) Generative adversarial nets. In: Advances in neural information processing systems, pp 2672–2680

Goodfellow I, Bengio Y, Courville A (2016) Deep learning. MIT Press, Cambridge

Han S, Liu X, Mao H, Pu J, Pedram A, Horowitz MA, Dally WJ (2016) EIE: efficient inference engine on compressed deep neural network. In: International symposium on computer architecture (ISCA)

He K, Zhang X, Ren S, Sun J (2016a) Deep residual learning for image recognition. In: Proceedings of the IEEE conference on computer vision and pattern recognition (CVPR)

He K, Zhang X, Ren S, Sun J (2016b) Deep residual learning for image recognition. In: Conference on computer vision and pattern recognition (CVPR)

Hills G, Park R, Shulaker M, Hillard J, Kahng A, Wong S, Bankman D, Moons B, Yang L, Verhelst M, Murmann B, Mitra S (2018) Trig: hardware accelerator for inference-based applications and experimental demonstration using carbon nanotube FETs. In: Design automation conference (DAC)

Hochreiter S, Bengio Y, Frasconi P, Schmidhuber J (2001) Gradient flow in recurrent nets: the difficulty of learning long-term dependencies

Hornik K, Stinchcombe M, White H (1989) Multilayer feedforward networks are universal approximators. Neural Netw 2(5):359–366

Howard AG, Zhu M, Chen B, Kalenichenko D, Wang W, Weyand T, Andreetto M, Adam H (2017) Mobilenets: efficient convolutional neural networks for mobile vision applications. Preprint arXiv:170404861

Huang G, Liu Z, Weinberger KQ, van der Maaten L (2016) Densely connected convolutional networks. Preprint arXiv:160806993

Huang G, Chen D, Li T, Wu F, van der Maaten L, Weinberger KQ (2017) Multi-scale dense convolutional networks for efficient prediction. Preprint arXiv:170309844

Huang GB, Zhou H, Ding X, Zhang R (2012) Extreme learning machine for regression and multiclass classification. IEEE Trans Syst Man Cybern Part B 42(2):513–529

Iandola FN, Moskewicz MW, Ashraf K, Han S, Dally WJ, Keutzer K (2016) Squeezenet: alexnet-level accuracy with 50x fewer parameters and <1mb model size. CoRR abs/1602.07360

Ioffe S, Szegedy C (2015) Batch normalization: accelerating deep network training by reducing internal covariate shift. Preprint:150203167

Janocha K, Czarnecki WM (2017) On loss functions for deep neural networks in classification. Preprint arXiv:170205659

Jia Y, Shelhamer E, Donahue J, Karayev S, Long J, Girshick R, Guadarrama S, Darrell T (2014) Caffe: convolutional architecture for fast feature embedding. Preprint arXiv:14085093

Kingma D, Ba J (2014) Adam: a method for stochastic optimization. ArXiv preprint:14126980

Krizhevsky A, Hinton G (2009) Learning multiple layers of features from tiny images. Technical report

Krizhevsky A, Sutskever I, Hinton GE (2012a) Imagenet classification with deep convolutional neural networks. In: Proceedings of advances in neural information processing systems, pp 1097–1105

Krizhevsky A, Sutskever I, Hinton GE (2012b) ImageNet Classification with Deep Convolutional Neural Networks. In: Pereira F, Burges CJC, Bottou L, Weinberger KQ (eds) Advances in neural information processing systems, vol 25. Curran Associates, Inc., Red Hook, pp 1097–1105. http://papers.nips.cc/paper/4824-imagenet-classification-with-deep-convolutional-neural-networks.pdf

Le Cun BB, Denker JS, Henderson D, Howard RE, Hubbard W, Jackel LD (1990) Handwritten digit recognition with a back-propagation network. In: Advances in neural information processing systems, Citeseer

LeCun Y, Bottou L, Bengio Y, Haffner P (1998) Gradient-based learning applied to document recognition. Proc IEEE 86(11):2278–2234

LeCun Y, Bengio Y, Hinton G (2015) Deep learning. Nature 521(7553):436–444

Li FF, et al (2016) CS231n: convolutional neural networks for visual recognition. http://cs231n.github.io/. Accessed 10 Oct 2017

Lin TY, Maire M, Belongie S, Hays J, Perona P, Ramanan D, Dollár P, Zitnick CL (2014) Microsoft COCO: common objects in context. In: European conference on computer vision. Springer, Berlin, pp 740–755

Mitchell TM (1997) Machine learning, vol 45(37). McGraw Hill, Burr ridge, IL pp 870–877

Moons B, Verhelst M (2015) DVAS: dynamic voltage accuracy scaling for increased energy-efficiency in approximate computing. In: International symposium on low power electronics and design (ISLPED). https://doi.org/10.1109/ISLPED.2015.7273520

Moons B, Verhelst M (2016) A 0.3-2.6 tops/w precision-scalable processor for real-time large-scale convnets. In: Proceedings of the IEEE symposium on VLSI circuits, pp 178–179

Moons B, Verhelst M (2017) An energy-efficient precision-scalable convnet processor in 40-nm cmos. IEEE J Solid State Circuits 52(4):903–914

Moons B, De Brabandere B, Van Gool L, Verhelst M (2016) Energy-efficient convnets through approximate computing. In: Proceedings of the IEEE winter conference on applications of computer vision (WACV), pp 1–8

Moons B, Goetschalckx K, Van Berckelaer N, Verhelst M (2017a) Minimum energy quantized neural networks. In: Asilomar conference on signals, systems and computers

Moons B, Uytterhoeven R, Dehaene W, Verhelst M (2017b) DVAFS: Trading computational accuracy for energy through dynamic-voltage-accuracy-frequency-scaling. In: 2017 design, automation & test in Europe conference & exhibition (DATE). IEEE, New York, pp 488–493

Moons B, Uytterhoeven R, Dehaene W, Verhelst M (2017c) Envision: a 0.26-to-10 tops/w subword-parallel dynamic-voltage-accuracy-frequency-scalable convolutional neural network processor in 28nm FDSOI. In: International solid-state circuits conference (ISSCC)

Moons B, et al (2017d) Bertmoons github page. http://github.com/BertMoons. Accessed 01 Jan 2018

Moons B, Bankman D, Yang L, Murmann B, Verhelst M (2018) Binareye: an always-on energy-accuracy-scalable binary CNN processor with all memory on-chip in 28nm CMOS. In: IEEE custom integrated circuits conference (CICC)

Netzer Y, Wang T, Coates A, Bissacco A, Wu B, Ng AY (2011) Reading digits in natural images with unsupervised feature learning. In: NIPS workshop

Olah C (2015) Understanding LSTM networks. http://colah.github.io/posts/2015-08-Understanding-LSTMs. Accessed 2018-02-01

Olah C, Mordvintsev A, Schubert L (2017) Feature visualization. Distill https://doi.org/10.23915/distill.00007. https://distill.pub/2017/feature-visualization

Paszke A, Gross S, Chintala S, Chanan G, Yang E, DeVito Z, Lin Z, Desmaison A, Antiga L, Lerer A (2017) Automatic differentiation in Pytorch

Reagen B, Whatmough P, Adolf R, Rama S, Lee H, Lee SK, Hernandez-Lobato JM, Wei GY, Brooks D (2016) Minerva: enabling low-power, highly-accurate deep neural network accelerators. In: Proceedings of the ACM/IEEE 43rd annual international symposium on computer architecture (ISCA)

Rokach L, Feldman A, Kalech M, Provan G (2012) Machine-learning-based circuit synthesis. In: IEEE 27th Convention of Electrical & Electronics Engineers in Israel (IEEEI), 2012. IEEE, New York, pp 1–5

Ruder S (2016) An overview of gradient descent optimization algorithms. Preprint arXiv:160904747

Russakovsky O, Deng J, Su H, Krause J, Satheesh S, Ma S, Huang Z, Karpathy A, Khosla A, Bernstein M, et al (2015) Imagenet large scale visual recognition challenge. Int J Comput Vis 115(3):211–252

Shipp MA, Ross KN, Tamayo P, Weng AP, Kutok JL, Aguiar RC, Gaasenbeek M, Angelo M, Reich M, Pinkus GS, et al (2002) Diffuse large b-cell lymphoma outcome prediction by gene-expression profiling and supervised machine learning. Nat Med 8(1):68

Simonyan K, Zisserman A (2014a) Very deep convolutional networks for large-scale image recognition. CoRR abs/1409.1556

Simonyan K, Zisserman A (2014b) Very deep convolutional networks for large-scale image recognition. CoRR abs/1409.1556

Srivastava N, Hinton GE, Krizhevsky A, Sutskever I, Salakhutdinov R (2014) Dropout: a simple way to prevent neural networks from overfitting. J Mach Learn Res 15(1):1929–1958

Sze V, Yang TJ, Chen YH (2017) Designing energy-efficient convolutional neural networks using energy-aware pruning. CVPR

Szegedy C, Liu W, Jia Y, Sermanet P, Reed S, Anguelov D, Erhan D, Vanhoucke V, Rabinovich A (2015) Going deeper with convolutions. In: Proceedings of the IEEE conference on computer vision and pattern recognition, pp 1–9

Szegedy C, Ioffe S, Vanhoucke V, Alemi AA (2017) Inception-v4, inception-resnet and the impact of residual connections on learning. In: AAAI, pp 4278–4284

Theano Development Team (2016) Theano: a Python framework for fast computation of mathematical expressions. arXiv e-prints abs/1605.02688, http://arxiv.org/abs/1605.02688

Tieleman T, Hinton G (2012) Rmsprop: Divide the gradient by a running average of its recent magnitude. coursera: neural networks for machine learning. Technical report

Van Keirsbilck M, Moons B, Verhelst M (2018) Resource aware design of a deep convolutional-recurrent neural network for speech recognition through audio-visual sensor fusion. Arxiv

Vincent P, Larochelle H, Lajoie I, Bengio Y, Manzagol PA (2010) Stacked denoising autoencoders: learning useful representations in a deep network with a local denoising criterion. J Mach Learn Res 11:3371–3408

Xie S, Girshick R, Dollár P, Tu Z, He K (2017) Aggregated residual transformations for deep neural networks. In: 2017 IEEE conference on computer vision and pattern recognition (CVPR). IEEE, New York, pp 5987–5995

Yang L, Bankman D, Moons B, Verhelst M, Murmann B (2018) Bit error tolerance of a CIFAR-10 binarized convolutional neural network processor. In: IEEE international symposium on circuits and systems (ISCAS)

Zagoruyko S, Komodakis N (2016) Wide residual networks. Preprint arXiv:160507146

Ze H, Senior A, Schuster M (2013) Statistical parametric speech synthesis using deep neural networks. In: 2013 IEEE international conference on acoustics, speech and signal processing (ICASSP). IEEE, New York, pp 7962–7966

第 **2** 章

优化的层次级联处理

本章内容很大程度上建立在已有出版物的基础之上（Goetschalckx 等人，2018 ）。

2.1 简介

正如第 1 章所讨论的，能耗瓶颈使得神经网络很难被嵌入到移动系统或者常开设备中去，然而这一问题可以通过开发更低能耗的算法（Han 等人，2015 ；Liu 与 Deng，2017 ；Huang 等人，2017 ；Moons 等人，2017a。第 3 章）、开发能效更高的硬件（第 4 ~ 6 章）以及开发针对具体应用特征的更智能的系统来解决。本章将重点介绍后一种方法：通过探索输入数据的统计规律，使用层次级联系统提升系统级的能效水平。

一些当前最先进的检测或者分类系统通过加入一个唤醒机制来减少常开系统的能耗。这一策略在一些录像监控（Yuan 等人，2009 ）、关键词识别（Sun 等人，2017 ）、语音激活（Badami 等人，2015 ；Price 等人，2017 ）等系统中十分典型。在这些系统中，第一阶段使用较低能量处理简单问题，避免了对所有问题都使用高代价的全功率运算。这减少了分类器的平均工作时间，也由此减少了全局的能耗。这些系统一般来说不会将层级扩展到两级以上并且设计复杂的分类处理模式。其他的可行方案包括通过将单功能系统级联建立双目标（Viola 和 Jones，2001 ；Saberian 和 Vasconcelos，2014；Panda 等人，2015 ）或多目标（Venkataramani 等人，2015 ）系统，或者建立可以处理多目标识别任务（Venkataramani 等人，2015；Li 等人，2015；Xu 等人，2014；Ghahramani 等人，2010）的树状结构来降低能耗、优化性能。然而，过去的系统一般来说并没有明确利用输入数据的特征。此外，目前也不存在可用于在给定准确率下针对最小能耗进行优化的框架，然而考虑到电池受限设备上的嵌入式处理的问题背景，这一框架却是十分有用的。本章把级联系统一般化定义为完整的多级分层级联系统。由于更充分地利用了数据统计结果，它在等准确率的条件下相比于唤醒机制有高达两个数量级的性能提升。

图 2-1 给出一个上述系统的示意。在这个例子中，多个功能层次级联起来，因而也具有了提早输出数据的潜力。在这种方式里，子任务的复杂性和子任务的成本随着层级的深入而不断增加。在语音识别任务中，一些常见的类别，例如"silence""Alexa""you"等是在靠前的层级，可以利用低开销的分类器进行识别，这就减少了高开销层级的开启。因此，即

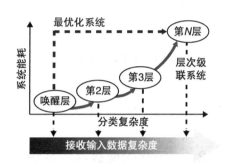

图 2-1 一般的层次级联系统

使最后的几个层级开销很高，由于早期阶段的辨识功能，它们其实并不会被频繁地使用。这种架构结合了级联结构和树状拓扑的优势。在线性级联方法中，大部分负样本在最后一个层级之前就已经被处理掉了，这样就降低了整个系统的能耗。而树状结构中则支持多类别问题。早期的错误检测仍可在后期纠正。这项工作提供了一个用于最大限度地减少这些分层级联中的总体能耗或计算成本，同时最大化或维持系统级准确率的框架。

为了建立这样的框架，本章提出了以下主要创新：

❑ **将唤醒机制的系统推广为层次级联分类器**：使用一个越来越复杂的分类器序列建立一个最终能处理多分类问题的系统。

❑ **提出了一个理论的 Roofline 模型**，以深入认识层次级联系统中每一层级的性能。

❑ **得出了通用分层模型中的一般折中方法**。在这个权衡过程中，讨论了输入数

据统计规律的影响、使用的层级数目以及单个层级的性能等设计要点。

☐ 验证了视觉识别案例研究中的分层设计方法的可行性。该系统可以通过动态地改变级联的超参数来实现性能和能耗之间的折中取舍。

整章内容将以如下方式展开：2.2 节将讨论一般的层次级联设计方法，主要包括相关术语和最终优化问题；2.3 节将讨论多个数据或者系统参数对一个典型层级系统的影响；2.4 节将提出的理论应用于一个 100 张人脸的识别任务；最后，2.5 节将对本章内容进行小结。

2.2 层次级联系统

本节将介绍层次级联系统：一个基于唤醒机制的多层系统的结合体。

2.2.1 泛化的两级唤醒系统

在层次级联系统中，对于一个分类问题，人们总希望在不影响性能的情况下最小化总的计算开销。而这是通过构建针对系统能效进行优化的功能层级结构来实现的，也就是说，将功能和开销都不断增加的独立层级连接在一起并进行联合优化。如果前面的层级开销很低，同时能处理大部分数据，让它们不经过后面开销较高的层级，并且还不会引入过多的不可恢复的错误，则这种层级结构就会比单层系统更高效。

如图 2-2 所示，整个系统被划分为 N 个层级。假定最终任务是处理一个复杂的多类别识别任务，例如包含 100 张人脸的图像识别任务。第一个任务一般来说是一个二值的唤醒检测器。

典型的层级结构的最开始是一个简单的二值分类器。这个分类器将那些最明显的负样本移除，例如背景图像或者声学噪声。如果一个输入被判定为正样本，例如，一个有意义的图像，那么下一级就会被激活并对输入进行进一步的识别。在经典的级联分类系统中，只有在前一级被判定为正样本的数据才会被送入之后的层级之中。

在本书中，把会传入下一层级的分类称为传递类（poc），图 2-2 中已经展示了这一点。然而，与之前的工作不同，每个下一层级都会执行更复杂的分类任务。考虑到更高的复杂度和更好的分类性能，下一层级的开销会以远远超过线性的趋势增长。

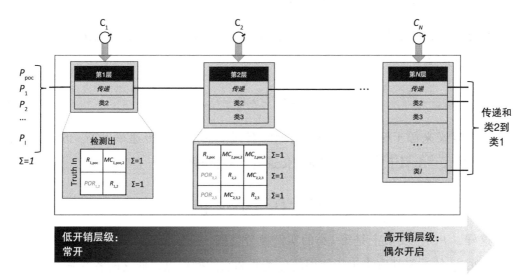

图 2-2　一个具有 N 层、完成 I 分类问题的基本的层次级联分类器（I 中类别 $\in [poc, 2, \cdots, I]$）每层的先验概率由 P_i 表示，每层的能耗由 C_i 表示，并且通过该层的传递率 POR_i、召回率 R_i 和误判率 $MC_{i,j}$ 描述。最后每一类的总召回率由式（2-5）表示

为了建立一个层次级联处理系统，这里设置了多个不同能耗 – 准确率折中方案的可选项，对于每一个可选项，都假设它用作整个系统的任意一级，并分别进行训练。根据每个单独层级的任务模拟了数据集，并用这些数据集来对特定的单独层级进行训练。从系统的观点来看，每个层级都被抽象为它的性能（例如置信矩阵、ROC曲线等），而为了实现给定的准确率或者召回率并最小化复杂度或者能耗，整个抽象的系统也必须进行优化。关于这个优化问题的细节部分的说明会在 2.2.4 节中给出。

2.2.2　层次化的代价、精度和召回率

为了自动优化层次级联系统，需要描述整个系统的总代价和召回率。在图 2-2

中，每个层次 n 都可以用 3 个分立的指标描述，即它的代价以及两个二分类指标：召回率 $R_{n,i}$、传递率 $POR_{n,i}$。除了这些因素，系统的总代价 $C_{(1\rightarrow N)}$ 也与输入数据的统计分布密切相关，这部分用每个类别的先验概率 P_i 表示（见图 2-2）。有了以上这些指标，就可以得到整个系统的召回率和代价。

在这里，召回率 $R_{n,i}$ 的定义是，对于第 n 层，一个属于第 i 类的实例被正确分类的概率如下：

$$R_{n,i} = P(\hat{y}_n = i | y = i) \tag{2-1}$$

这个定义来源于标准的多分类问题的召回率的定义。传递率 $POR_{n,i}$ 的定义是，对于第 n 层，一个属于第 i 类的实例被传递到下一层的概率：

$$POR_{n,i} = P(\hat{y}_n = \text{poc} | y = i) \tag{2-2}$$

这样，$POR_{n,i}$ 实质上是第 i 类的实例被分类到"继续传递"这一类中去的概率。$R_{n,i}$ 和 $POR_{n,i}$ 的数值都取决于所使用的分类器和它的操作点，而这两者都是设计中可以选择的变量，也就是说，是需要优化的部分。如果某个实例在第 n 层被错误地判定为需要传递到下一层去，则它仍然有机会在第 $n+1$ 层得到正确的分类结果，但是如果这个实例是被错判成了某个其他的分类，则后面的层都不会开启，因此这个错误再也得不到更改的机会。因此把在第 n 层中的一个属于 i 类的实例被错判到任意一个其他类 j 的概率定义为错判率：

$$MC_{n,i,j} = P(\hat{y}_n = j \notin \{\text{poc}, i\} | y = i) \tag{2-3}$$

图 2-2 详细说明了这一点，图中给出了一个三分类问题中第 2 层的混淆矩阵。在这里，每一行代表同一真实类别，而每一列代表同一判定类别。矩阵第一列的值表示传递到下一层的概率。该混淆矩阵更加准确地说明了每层中召回率、传递率和错判率的定义。这样的混淆矩阵可以被推广到任意数量的分类问题中去。可以注意到矩阵的行是归一化的，也就是说这里的结果不是绝对的数值而是真实的分类概率。

整个层次化系统的代价是多个数据特征和系统特征的函数。首先，它与每一类

P_i 的先验概率有关，其次，它与所设计的系统有关：每层的代价 C_n 和传递率 $POR_{n,i}$。所以，平均的总代价如下：

$$C_{1 \to N} = C_1 + \sum_{i=1}^{I} \left(P_i \times \sum_{n=2}^{N} \left(C_n \times \prod_{\eta=1}^{n-1} POR_{\eta,i} \right) \right) \quad (2\text{-}4)$$

式中，$\prod\limits_{\eta=1}^{n-1} POR_{\eta,i}$ 表示第 i 类一直累积传递到第 n 层的概率。

这个概率分别乘上 P_i 再对 I 求和就得到第 n 层平均开启的概率。对每一层乘上平均代价 C_n，再求和，就可以得到处理每个实例平均的整个系统的总代价。

第 i 类的最终召回率应该是一个 N 层级联的结果，记作 $R_{1 \to N,i}$，它与输入数据的先验概率无关：

$$R_{1 \to N,i} = \sum_{n=1}^{N} \prod_{\eta=1}^{n-1} (POR_{\eta,i}) \times R_{n,i} \quad (2\text{-}5)$$

式中，$R_{n,i}$ 是第 i 类在第 n 层的召回率。

如果第 n 层不能识别第 i 类，那 i 就被当作是传递类中的一部分，也就是说 $R_{n,i} = 0$ 并且 $POR_{n,i} = POR_{n,\text{poc}}$。如果召回每一类输出都同等重要，则平均的总召回率如下：

$$R_{1 \to N} = \text{avg}_i(R_{1 \to N,i}) \quad (2\text{-}6)$$

这些公式表明，可以通过每层的高传递率或者高召回率来实现整体系统的高召回率。如果一个样本被送入下一层中，它仍然有可能在稍后得到正确的分类。然而，高传递率会带来高的总代价，这是因为后面的层次更容易被激活。

当优化系统的平均总召回率时 [见式（2-6）]，系统对每一个分类的精度也自动得到优化。从式（2-7）和式（2-8）可以很容易得到这个结果，这两个式子将正确正样本的数量 tp_i 和误判样本的数量 mc_{ij} 同总召回率（$R_{1 \to N}$）和总精度（$PR_{1 \to N}$）联系在一起。最大化总召回率和最大化总精度都要求最小化总错误的正样本数或者误判数：

$$R_{1 \to N} = \sum_{i=1}^{I} \frac{tp_i}{tp_i + \sum_{j \neq i}^{I} mc_{i,j}} \qquad (2\text{-}7)$$

$$PR_{1 \to N} = \sum_{i=1}^{I} \frac{tp_i}{tp_i + \sum_{j \neq i}^{I} mc_{i,j}} \qquad (2\text{-}8)$$

式中，$mc_{i,j}$ 是总的误判数，也就是说，第 i 类的样本被错判成第 j 类（$j \neq i$）的数目。

所有的信息都可以通过整个系统的混淆矩阵得到。这个结果是很有用的，因为没有公式可以表示最终精度。以上结果表明，对于任意一个多分类系统，都可以通过优化召回率来自动获得更高的精度。

2.2.3 层次化分类器的 Roofline 模型

为了了解级联分类器的理论最大性能，这里提出了一个理论的 Roofline 模型。对于任意一个层次分类系统，它的任意一层的分类器，都可以得出传递率与召回率之间有趣的上限关系。基于此，提出了一种描述层次级联系统的 Roofline 模型。根据每一层中分类器的代价的不同，传递率与召回率之间的关系可能更接近或者远离理论上的 Roofline 最优值。在可以向下传递的层次中，对每个类别 i 和其层次序号 n，都可以给出召回率的表达式 $R_{n,i} = 1 - POR_{n,i} - \sum_{j \neq i}^{I} MC_{n,i,j}$。该公式可以改写，并用于绘制除传递类的所有类的平均召回率 $\mathrm{avg}_{i \neq poc}(R_{n,i})$ 与所有类的平均传递率 $\mathrm{avg}_i(POR_{n,i})$ 之间的关系。显然这里有

$$\mathrm{avg}_{i \neq poc}(R_{n,i}) = 1 - \frac{I}{I-1}\mathrm{avg}_i(POR_{n,i}) + \frac{POR_{n,poc}}{I-1} - \sum_{n,i \neq p}^{I}\sum_{j=1}^{I}\frac{MC_{n,i,j}}{I-1} \qquad (2\text{-}9)$$

在最佳情况下，所有分类都正确，也就是说样本要么通过要么被正确分类。在这种情况下，式（2-9）可以达到它的 Roofline 上限，即如式（2-10）和图 2-3 所示：

$$\mathrm{avg}_{i \neq poc}(R_{n,i}) = 1 - \frac{I}{I-1}\mathrm{avg}_i(POR_{n,i}) + \frac{1}{I-1} \qquad (2\text{-}10)$$

$$\text{服从于} \, \mathrm{avg}_i(POR_{n,i}) \geqslant 1/I$$

理想 Roofline 上限和真实曲线的示例在图 2-3 中给出。这些曲线都基于 2.4 节的人脸识别层次分类实验。理想的 Roofline 曲线根据式（2-10）画出，而非理想情况下的曲线则是真实测得，它基本遵从式（2-9）。当第 n 层中的平均 POR，即 $\mathrm{avg}_i(POR_{n,i})$ 低于 $1/I$ 时，这种情况是不理想的，因为如果这样就肯定有属于传递类的样本被错误地分类了。曲线在 $1/I$ 处存在一个转折点。在这里，所有样本均恰好正确分类（它们的平均召回率 $R_{n,i}$ 为 1），除了传递类的样本，没有一个样本被传递（它们的传递率等于 0）。在 $\mathrm{avg}_i(POR_{n,i})$ 大于 $1/I$ 时，最佳平均召回率 $R_{n,i \neq \mathrm{poc}}$ 下降，这意味着更多的样本被传递到下一层。这不会导致灾难性的失败，因为在接下来的任何层级中，它们仍然可以得到正确的分类。在理想的 Roofline 上限情况下，转折点的位置仅是给定层级中类别数量的函数。

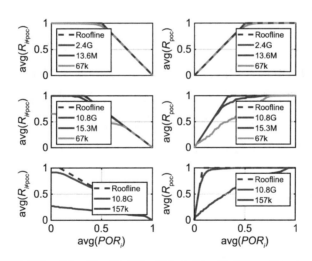

图 2-3　在唤醒层（第 2 类）、第 2 层（第 3 类）和第 3 层（第 10 类）中，Roofline 模型和真实测得的分类效果对比图。其中列出了每层需要的操作数。越复杂的任务就需要越多的操作数来逼近上限

在图 2-3 中，将 Roofline 曲线与从 2.4 节中人脸识别案例研究获得的实际性能曲线进行比较。注意每个 Roofline 曲线在 $1/I$ 处为转折点。这些图上的每条实线都代表一个真实的、参数各不相同的分类器。因为真实分类器会引入错误分类，这些真实分类器的结果与 Roofline 模型都不相同。但显然 Roofline 模型提供了很好的上限，

并且与最复杂、成本最高的分类器结果非常匹配。分类器的复杂性和建模能力越强，自然地它就越接近最佳的 Roofline 模型。Roofline 的偏离主要是由于不希望有错误分类，这种错误无法在层次结构的后续阶段进行补偿。

因此，每个分类器在召回率与传递率之间存在着关联曲线。通过选择通过阈值 τ，可以在该曲线上任意选择工作点。这有点类似于用于描述二值接收器工作特性的 ROC 曲线。这个阈值可以理解为将样本分类为传递类所需的最低置信度。如果此阈值为零，则该层将传递所有输入样本，并且 $\mathrm{avg}_i(POR_{n,i})$ 将为 1。如果阈值接近于 1，则几乎不会传递任何样本，而是进行更多的（正确或者错误的）独立分类。因此，该阈值确定了分类器的工作点。该阈值可以由设计人员选择，也可以通过自动优化得到。在理想的 Roofline 模型中，没有分类错误。因此，该阈值直接将召回率与传递率关联起来并进行折中。

请注意，在层次结构中，一个不良模型并不一定会破坏整个系统的性能，因为可以将这一层级的阈值设置为高传递率。但是，这样也就意味着更多的数据被送到了代价较大的靠后的层级中，导致更高的总成本。这里提出的理论给层次结构中的每一层级都带来了许多自由度，能够优化给定期望召回率下的代价，反之亦然。选择每一层最优的配置是一个复杂的优化问题，本章剩余内容将重点解决这一问题。

2.2.4　优化的层次级联感知

在前面的讨论中已经知道，最大化召回率等价于最大化精度，并且基于前面对通用分层传感系统的讨论，最终的双目标优化问题定义如下：

$$
\begin{aligned}
\min_{\tau,C} C_{1\to N}(\tau,C,P) \\
\max_{\tau} R_{1\to N}(C,\tau)
\end{aligned}
\tag{2-11}
$$

式中，C、P 和 τ 分别代表每一层级的成本、先验概率和所有层中阈值组成的向量。

$R_{1\to N}(C,\tau)$ 和 $POR_{n,i}(C_n,\tau_n)$ 都由判别阈值 τ 决定，这样，通过选择阈值，即使成本固定为 C_n，分类器的性能也是有调节空间的。因此，阈值 τ、C 和系统中的层次数

N 是系统仅有的可以用于优化的变量（因为 P 是先验的）。表 2-1 总结了所有可以用于优化的超参数。

在 2.3 节中，将首先针对一般的合成系统解决这个问题，以寻找一般的设计规律以及所有相关参数对结果的影响。2.4 节是一个 100 类的人脸识别的案例研究。

表 2-1　需要优化的参数总结

参数	注释
C_n	每一层的能耗都与该层具体分类器的选择有关
τ_n	在一个给定的分类器上决定 R 和 POR
N	层次级联系统中的总层数

2.3　概念的一般性证明

为了证明提出的分层级联处理概念，这里建立了一个通用框架。更具体地说，对于一般系统，研究了输入数据统计信息和系统级规范对最佳层次结构选择的影响。因此，本节使用估计的分层 POR-R 曲线优化问题 [见式（2-11）]，以便得出总体趋势和分层设计的指导思想。在 2.4 节中，人脸识别案例研究中验证了该理论的正确性。

2.3.1　系统描述

所使用的通用系统模型模拟了一个完整的 256 类分类系统，该系统通过层次级联的方式实现。级联系统由 N 个可配置的层级组成。在每一层级都有一个优化器，它的作用是选择最佳的分类器种类并确定它的工作点。更具体地说，在每个层级中，都使用 POR-R 折中曲线，例如 Roofline 模型，对每个可选的分类器进行建模，确切的工作点实际上是由区分阈值确定的。Roofline 本身是理论上最优的分类器（如果真的能实现，它的能耗也应该是趋于无穷大的）。因此在这个例子中，考虑了其他具有更低能耗代价的非最优曲线，类似于图 2-3 中实际观测到的真实曲线。

测试方案的层次结构，最多可包含 $N=8$ 层，其中每个层级 n 将处理 2^n 个类别的分类任务，其中一个类别是传递类。一个关键的问题是最佳层次结构包含多少层，以及每一层中的最佳 POR-R 折中设置。对于这种方案，层次结构中可能有 $1\sim 8$ 个不同的层级和 256 个不同的层级组合。最后的结束（END）层级是一个固定的 256 类分类器，但是此层级所需分类器的性能也可以灵活选择。

为了构建合理的测试场景，需要进行几个假设。首先，根据式（2-12），从第1层到第8层，由于分类任务的复杂性指数增加，因此成本也呈指数增长：

$$C_n = 10^{\log 2(I)-1} \tag{2-12}$$

其次，如果分类器的性能更接近理论上的 Roofline 最优值，则在单个层级内分类器的成本将呈指数增长。

在这个例子中，*R-POR-C* 设计空间经过了解析建模，以便通过最速下降优化方法找到合适的最优解。图 2-4 中给出了在 $\mathrm{avg}_{i\neq\mathrm{poc}}(R_{n,i\neq\mathrm{poc}})-\mathrm{avg}_i(POR_{n,i})$ 空间中，第1层和第8层选用不同成本的分类器时的 *R-POR* 折中曲线（分类器与分类器相比的相对成本），其中给出的成本按照式（2-12）来计算。图 2-4a 和 b 显示了第一层的结果，其中图 2-4a 表示 $\mathrm{avg}_{i\neq\mathrm{poc}}(R_{n,i\neq\mathrm{poc}})$ 与 $\mathrm{avg}_i(POR_{n,i})$ 的关系，而图 2-4b 则表示二值分类器的 $POR_{\mathrm{poc}} = R_{\mathrm{poc}}$ 与 $\mathrm{avg}_i(POR_{n,i})$ 的关系。图 2-4c 和 d 显示了最后一层的 256 分类器的结果，与图 2-4a 和 b 类似。请注意，这些层级都不是理想的：即使对于成本很高的分类器，最终的平均召回率也小于 1。

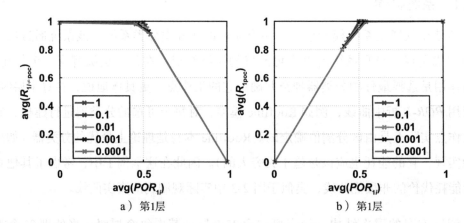

a）第1层   b）第1层

图 2-4 a）和 b）：对于两分类问题，在不同代价的分类器下，$\mathrm{avg}_{i\neq\mathrm{poc}}(R_{1,i\neq u})$ 和 $R_{1,u}$ 与 $\mathrm{avg}_i(POR_{1,i})$ 的关系曲线。c）和 d）：与图 2-4a 和 b 相同，但描述的是最后一层中的 256 分类器。图例表明了所使用的分类器的相对能耗

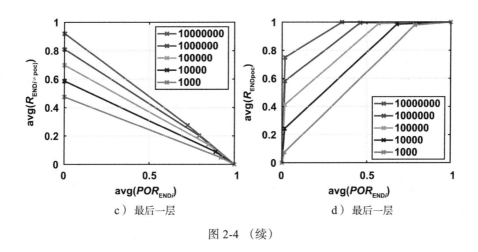

c）最后一层　　　　　　　　　　d）最后一层

图 2-4 （续）

本节的其余部分将讨论 3 个具有不同召回率的案例。更具体地说，本节研究了高、中、低召回率的情况，对应系统的相对召回率 [相对于最后一层（END 层级）的最大理论召回率] 分别为 95%（高召回率）、85%（中召回率）和 75%（低召回率）。

2.3.2　输入统计

为了估计输入数据统计规律的影响，这里研究了 4 种不同的情况。第一种情况是所有输入类别均匀分布，这意味着每一类出现的概率都相等。其他几种情况是输入统计数据处于中等、高度或极其偏斜状态。这些不同情况的非归一化概率密度函数（PDF）如图 2-5 所示。其中某些特定的类别"C"比其他类别更频繁地出现。这种类别"C"的例子可以是语音识别中的"噪声""无声音"或某些常见词，或者图像识别中的"背景"或"所有者"等。

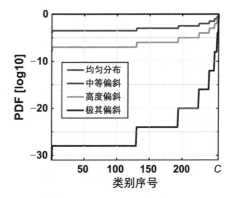

图 2-5　4 种不同情况下非归一化的 PDF。均匀分布的情况下各处的概率密度都相等，而在中等、高度或极其偏斜的分布情况下，某些分类会更容易出现

2.3.3 实验

在本节中将研究召回目标和输入数据统计规律对于设计一个最优的、能耗最低的层次级联系统的影响。首先，对于每一种情况，这里都设计了专门的级联系统。其次，本节也给出了对于一般情形下，每一层级的设计思路。

1. 最优层级数量

对于不同的召回目标和输入分布，最优层级的数量也不相同。为了研究这一规律，针对 256 类的分类问题，针对不同的系统目标，遍历 $N=8$ 方案中所有可能的层级组合。具体来说，对于每一个总召回目标、输入数据统计分布和层级数量的组合，都使用最速下降法对整个级联系统进行优化。该优化器为层次结构中的每个层级选择最佳的 R-POR 折中关系，以使整个系统的能耗最小。实施这一系列优化后系统的最终能耗如图 2-6 所示。其中，将系统能耗作为层级数量的函数，在不同召回率和不同输入数据统计分布的情况下，画出了系统能耗-层级数量的关系图。这表明对于输入数据为均匀分布的情况下，较浅的层次结构是最佳的。如果输入分布的偏斜更大，则可以加深层次结构，并尽早筛除更多样本，从而降低成本。随着输入数据的统计分布不同，能耗的变化范围达到了 6 个数量级；而随着召回目标的不同，能耗变化范围则有 2 个数量级。对于不同的数据情况和优化目标，最佳的层次结构含有 3 ~ 8 个层级不等。详细的结果汇总见表 2-2。表 2-2 展示了各种情况下针对能耗优化后的最优层次结构。例如，在一个输入为均匀分布且召回目标很高的系统中，虽然最后 4 个层级能耗开销很高，但最优结构还是只使用了最后 4 个层级。这是因为在此情况下，大多数样本都只能在后面的层级中才能得到正确的最终分类，因此，前面的仅仅能区分很小的子类的层级反而成了多余的部分。然而，对于输入分布偏斜明显的情况，前面的层级能以很低的成本区分出大部分样本，这种优势平衡了那些需要经过很多层级才能最终得到分类的样本。

表 2-2 还展示了在限定只使用两层级联结构（即唤醒层和最终层）情况下的最优选择。同样的趋势在这里也显现出来：对于高偏斜的输入分布和低召回率要求，可以使用能耗更低、输出更少的唤醒层。与具有相同系统级性能的两级（唤醒）结构相

比，深层次级联结构的能效要高 3 个数量级，这一点在图 2-6 中也有展示。

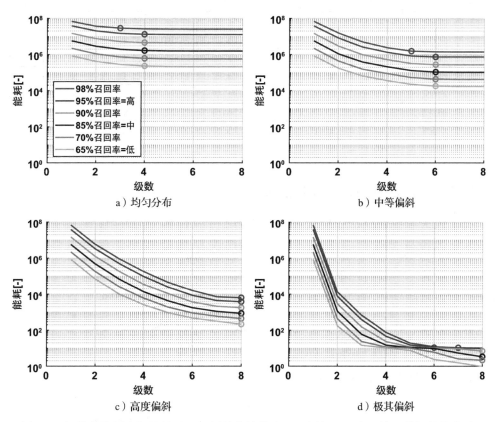

a）均匀分布   b）中等偏斜

c）高度偏斜   d）极其偏斜

图 2-6 级数与能耗之间的关系，不同的曲线代表了不同的召回率。输入数据的分布从
图 2-6a 到图 2-6d 偏斜层都逐渐增加，其分布如图 2-5 所示

表 2-2 x 表示在 256 类的分类问题中，使用层次级联结构时用到的层次，o 表示使用
传统两层唤醒结构时用到的层次

召回率	偏斜程度	S=1	2	3	4	5	6	7	END
		l=2	4	8	16	32	65	128	256
高	均匀					x	x	x(o)	x(o)
	中等			x	x	x	x(o)	x	x(o)
	高度	x	x(o)	x	x	x	x	x	x(o)
	极其	x(o)	x	x	x	x			x(o)

（续）

召回率	偏斜程度	S=1	2	3	4	5	6	7	END
		I=2	4	8	16	32	65	128	256
中	均匀					x	x(o)	x	x(o)
	中等			x	x	x(o)	x	x	x(o)
	高度	x	x(o)	x	x	x	x	x	x(o)
	极其	x(o)		x	x	x	x	x	x(o)
低	均匀					x	x(o)	x	x(o)
	中等			x	x(o)	x	x	x	x(o)
	高度	x	x(o)	x	x	x	x	x	x(o)
	极其	x(o)	x	x	x	x	x	x	x(o)

2. 层次级联结构中的最佳层级指标

为了深入了解如何优化层次级联结构中的每个单个层级，图 2-7 中给出了一个特定的具有 6 层的、中级召回率、中等偏斜输入分布的层次级联结构中所有最佳选择的分类器层级的方案。图 2-7 中展示了此时各层级的相对能耗（归一化）、$\mathrm{avg}_{i \neq \mathrm{poc}}(R_{n, i \neq \mathrm{poc}})$（1 为理论最优值）$POR_{n, \mathrm{poc}}$ 和 Roofline 转折点 $1/I$。见表 2-2，前两层在这个系统中没有被用到。系统的所有操作点都是在 $\mathrm{avg}_i(POR_{n,i})$ 比转折点 $1/I$ 高时获得的，这对于一个高的传递率 $POR_{n, \mathrm{poc}}$ 来说是必要的，由于这些传递率在各

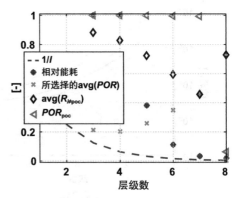

图 2-7　最优的 6 层级联系统（中等召回率目标、高偏斜度输入数据分布）的相关设计指标

个层级累积相乘［见式（2-5）］，因而能够达到较高的最终召回率。只有在最后一层级（第 8 层），因为不能继续把样本交给后面的层级，因此需要牺牲 $POR_{n, \mathrm{poc}}$ 来获得高的召回率 $\mathrm{avg}_i(R_{n,i})$。除了最后一层，其他层级的最佳结构在整个搜索空间中都表现出相似的特征。

2.3.4　本节小结

本节使用所提出的 Roofline 模型和层次级联系统优化框架，研究了一个通用的

256 分类层次级联系统。本节中讨论了性能目标和输入数据的偏斜情况对于系统设计的影响。对于输入数据均匀分布的情况，4 层系统是最优的；对于偏斜较大的输入分布，例如语音和图像输入数据，最低能耗的系统往往会比较深（层级较多），这是因为那些非常容易识别出来的类别（如噪声或背景）会很快被前期简单的分类层以极低代价排除。所有测试的系统都要求由 2 个以上的层级级联而成。因此，更传统的唤醒系统从来都不是最优的。

2.4　案例研究：基于 CNN 的层次化人脸识别

2.4.1　人脸识别的分层结构

为了说明这里提出的优化方法在真实系统中的作用，将其应用于一个真实的分层 CNN 人脸识别系统中。在最简单的实现方法中，这样一个系统会以不同尺寸的候选框扫描整个输入图像。基于神经网络的大尺寸人像识别系统是非常耗能的（每个 250×250 的候选框需要 1 ～ 2mJ，Moons 等人，2017b），尤其是高像素图像，需要处理大量候选框的数据。由于输入数据一般来说具有较为偏斜的统计分布，建立一个层次级联系统来处理人像识别问题以减少平均能耗是合理的。为了说明这一点，考虑对 30fps 的全高清图像（1920×1080 像素）采用金字塔结构 / 滑窗方法，其中候选框的大小为 256，每次滑窗位移为 4，尺度因数为 2。要实现 30fps 实时识别，该系统需要每秒处理 3 百万个候选框（10 万个每帧），其中绝大多数都会被判定为背景。如果以每个候选框 1mJ 来估计，这意味着该系统的功率需要达到 3kW，显然这对于可穿戴设备、电池受限设备来说是不可能实现的。由于将人脸从背景中识别出来是一个简单得多的任务，它可以用 32×32 的候选框实现，每个候选框只需要 1μJ（Bankman 等人，2018）。这样的检测器可以被用来作为更复杂分类器的唤醒层。只有当人脸检测器探测到人脸，后续高能耗的人脸识别操作才会进行，否则系统就会继续休眠，这样就可以显著减少整个系统的能耗，当然能做到这一点也得益于输入数据的统计分布。显然，采用层次级联系统处理人脸识别任务可以带来显著的好处，但具体使用多少层的系统是最优的却并不确定。如果不同的人脸之间仍然有显著的数据偏斜，例如，设备的主人出现次数会明显多于其他人，那么就可以加入中间层来处理这种偏斜，以达到进一步减少最终层的激活率和能耗的目的。最重要的是，每一层的 *R-POR–* 能耗方案都需要进行优化，以达到优化整体系统能耗的目的。

为了研究这一问题，图 2-8 说明了将这种唤醒方法应用于最终可以区分 100 张人脸的分层 *N* 级系统的一般设计方法。每个候选框只会在被判定为"通过类"时才会进入下一层；其他情况，例如被判定为"背景"或者"主人"或者其他特定的人脸时，该候选框就会被视作完成分类。同样地，这里第 *n* 层（*n* < END）会比最终层能耗更低。因为输入数据的偏斜分布，这些层的能耗可以显著降低。在这个案例分析中，使用 2.2 节中介绍的框架来优化处理每个样本的平均能耗，同时保证一定的人脸识别准确率。这个分析提供了将两层系统扩展到多层系统以降低能耗的可行性。同样，也可以得出每一层级的具体最优化参数配置。

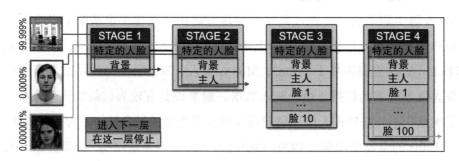

图 2-8　所测试的用于级联系统人脸识别的样本图示。背景和主人比其他特定的人脸更容易出现，因此也更容易通过简单的分类器进行识别

为了分析这一具体案例，100 类人脸识别系统被分成了最多 *N* = 4 层，即人脸检测层 WU、主人检测层 S2、10 类人脸分类器 S3 以及 100 类人脸分类器 END。其中，最后一层 END 一定是完整的 100 类人脸分类器。对于每一层，都训练了 15 个参数化的、复杂程度不同的 CNN，它们有着不同的下采样维度、不同的卷积层数（网络深度）、不同的滤波器个数（网络宽度）。较大的网络会得到更高的精度和召回率，当然也会带来更高的能耗。这些网络的一般结构和参数都在表 2-3 中列出，这些参数与 Moons 等人（2017a）所使用的类似，而这些层的输入维数、深度、宽度取值范围都很广。最小的网络使用 32×32 下采样 RGB 输入，为一个 4 层 CNN 结构，每层有

4 个滤波器。最大的网络使用 128×128 RGB 输入，为 7 层 CNN 结构，每层最多可以有 1024 个滤波器。所有网络都在 VGG FACE-2 数据集中 100 类人脸的子集上进行，这里使用了批归一化和随机数据增强（如剪切、通道移位、宽度移位、高度移位、缩放和水平翻转）防止过拟合。

表 2-3　N 层层次级联人脸识别系统中各种可用模块的参数配置与拓扑

模块	尺寸	卷积核	步长	层数	宽度
输入层	32-64-128	3-5-7	1-2-4	1	4～256
A 模块	32	3	1	1	4～256
最大池	32	2	1	1	—
B 模块	16	3	1	1～2	4～512
最大池	16	2	1	1	—
C 模块	8	3	1	1～3	4～1 024
最大池	8	2	1	1	—
全连接	$16 \times \text{width}_C$	—	—	1	—

注：所有中间采用的激活函数都是 LeakyRelu，最终输出通过一个 Softmax 激活函数。

2.4.2　层次化的代价、精度和召回率

对于每个训练好的神经网络，它对于每个输出类别都有具体的召回率和传递率，当然也有具体的系统能耗。这些术语在 2.2 节中已经给出定义。

根据 2.2 节中的框架，使用式（2-4）对系统能耗进行优化，同时根据式（2-6）对系统的整体召回率进行优化。正如 2.2.2 节所指出的，在优化召回率的同时，精度也会自动得到优化。

根据式（2-5），某个特定分类的整体召回率 R_i 取决于每层的召回率 $R_{n,i}$ 和前面的层级 $POR_{n,i}$ 的累乘。可以注意到，从理论上讲，$POR_{n,i}$ 和 $R_{n,i}$ 的值都不能独立于前面的层级获取，因为每一层级都会影响提供给后续层级的图像。困难的图像将比简单的图像更容易传递到下一层，因为简单的图像很容易在前面的层级直接进行分类。但是，在此优化中，假设每个层级的 POR 和 R 都与先前的层级无关，以便得到解析式。随后通过实验验证基于这些假设的结果是否正确。因此，本节中所说的 $POR_{n,i}$ 和 $R_{n,i}$ 值都是基于完整层次结构中的代表性测试集，而不仅仅是基于各层的性能。

2.2.3 节和图 2-3 所示的结果表明，可以使用 Roofline 曲线可视化不同层级中的分类器的性能。这里，嵌入在层次级联结构中的各分类器的性能都在传递率 – 召回率空间中给出。例如，可以看出，对于第 3 层来说，最佳分类器（蓝色）比最低能耗的分类器操作数多了 69000 倍，但它的性能却更加接近理想的 Roofline 上限。

为了估计总的能耗，需要得到每一类数据的先验分布。假设本系统为鲁汶大学 ESAT / MICAS-kU 办公室使用的监控系统。在这个办公室，平均每小时有 100 人走过走廊。这些人停留在系统中的时间平均为 5s。每个类别的先验概率定为 [1 14000000000100 10 1]/(14000112)，每一类分别为 [通过类（F），背景类（BG），主人（O），第 2 ~ 10 号人像（face2 ~ 10），第 11 ~ 100 号人像（face11 ~ 100）]。这个例子在使用 30fps 全高清图像、候选框大小 256、移位步长 16 以及金字塔比例因数 2 时具有代表性。在处理这些候选框时，它们会被下采样为表 2-3 中给出的可支持候选框大小之一：32×32、64×64 或 128×128 RGB。

2.4.3　优化的人脸识别分层结构

只要总能耗 $C_{1 \to N}$、传递率 $POR_{n,i}$、召回率 R_i 都被确定，整个系统就能朝着最小能耗（也就是最小的操作数）和最大召回率方向优化。这个优化问题中的变量为所选的分类器和每个阶段的"传递分类"检测阈值，它们决定了 $R_{n,i}$ 和 $POR_{n,i}$。这里使用粒子群多目标优化器来从数值上求解该离散优化问题。图 2-9 给出了 4 层人脸识别系统的优化结果。

图 2-9a 展示了所有在能效 – 召回率和能效 – 精度设计空间中的帕累托最优系统。这里，能效是由样本数 / 操作数或者每个 MAC 操作能处理的样本数决定的。在同样召回率的情况下，4 层系统所需要的操作数显然比单独的最后一层（END 层级）系统少几个数量级。例如，在平均召回率 80% 的情况下，4 层系统的能效是单层系统的 10000 倍。图 2-9a 还通过实验证明，优化召回率可以同时自动优化精度，验证了 2.2 节中的理论。如果召回率很高，则精度也同样会很高。对于 4 层系统，精度和召回率都很高的情况下能效的取值范围很广，而单层系统在精度很高时只能取到低能效。

每一个帕累托最优的系统的具体特征在图 2-9b 中给出。图 2-9b 展示了最优的分类器、$POR_{n,i}$ 和最终每一类的召回率（为方便阅读取了每一个子类的平均值，假设一个子类中的每一类都具有相同的先验概率）。图 2-9b 清楚地表明，具有较高召回率的系统也需要更高代价的系统设计。即使在较高的召回率下，唤醒层的复杂度也比最后一层（END 层级）的复杂度低 3 个数量级，这也说明了这个多层次系统优势的来源。所有使用过的分类器都与 Roofline 上限接近。

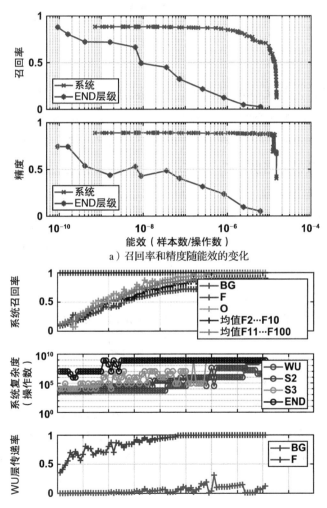

a）召回率和精度随能效的变化

图 2-9　采用不同层次结构处理 100 类人脸识别问题时的召回率 – 能效曲线。图中的右
　　　　上方是优化方向

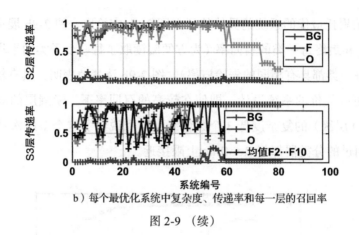

b）每个最优化系统中复杂度、传递率和每一层的召回率

图 2-9 （续）

将分析范围扩大到更浅的系统中，从 1 层到 4 层。图 2-10 说明了这些不同的层次结构在能效 – 召回率空间中的表现。当一个分层结构达到了最高的召回率同时又达到了给定的能效水平时，该结构就被认为达到了最优。显然，仅使用最后一层（END 层级）是低效的。当然，传统的两层唤醒结构效果也不佳，在同样召回率的情况下会比 4 层系统多用 1 ～ 2 个数量级的操作数。当超过 4 层时，通过加深层数来提升性能的收益就很小，尤其是考虑到延时的影响时这一点更是如此。

图 2-9a 和图 2-10 同样展示了质量 – 能耗折中是可以在一个层次级联系统中动态调整的，只需要调整决定每层传递率和召回率的阈值即可。

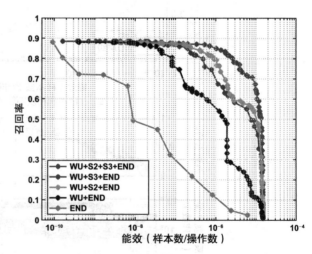

图 2-10 层次化识别系统处理 100 类人脸识别问题时的召回率 – 能效比较。图中右上角为优化方向

2.5　小结

本章将唤醒系统推广为多级分层级联系统，这种系统具有较低的整体系统成本，并且更适合于具有非均匀概率分布的偏斜数据。这是一种在**应用级别**而不是算法（请参阅第 3 章）或硬件级别（请参阅第 4 ～ 6 章）上最小化基于神经网络的检测系统的能耗的方法。

本章主要有以下 4 个要点：

1）基于唤醒的识别系统被推广为多层级联系统。

2）给出了一个基本的设计框架，可以用来对级联系统同时进行性能优化和能耗降低。与之相关联的是一个理论的 Roofline 模型，它提供了对层次结构中各个层级的性能的深入分析。

3）通过一个一般性的例子，得到了层次级联系统的一般规律。对于输入数据均匀分布的情况，层次级联不能带来太明显的收益，而对于输入数据偏斜较明显的情况，例如语音识别和目标检测任务，深层次的级联系统能带来很大的优势。如果使用中间层，则它的工作点会十分接近理论 Roofline 上限，而具有很低的召回率和传递率的层级一定不是最优化的。

4）这种方法在一个处理 100 类人脸识别的 4 层级联系统应用中得到了验证。在最优情况下，4 层系统的能效比单层系统高了 4 个数量级，比 2 层传统唤醒系统高了 2 个数量级。

这里提出的框架和 Roofline 模型可以应用于很多传感数据处理上。希望这个框架能对定制系统的自动优化设计做出贡献。

纵观全局

第 5 章和第 6 章中讨论的芯片是为层次化的应用量身定制的。在人脸识别应用的背景下，第 6 章中讨论的常开的 BinarEye 芯片将处理层次结构中最简单的早期层次，而第 5 章中讨论的可扩展系统则用来处理层次结构中的较大网络。

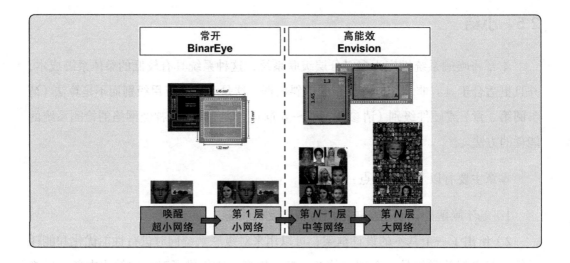

参考文献

Badami K, Lauwereins S, Meert W, Verhelst M (2015) Context-aware hierarchical information-sensing in a 6uw 90nm CMOS voice activity detector. In: 2015 IEEE international solid-state circuits conference-(ISSCC). IEEE

Bankman D, Yang L, Moons B, Verhelst M, Murmann B (2018) An always-on 3.8uj/classification 86accelerator with all memory on chip in 28nm cmos. In: ISSCC technical digest

Cao Q, Shen L, Xie W, Parkhi OM, Zisserman A (2017) Vggface2: a dataset for recognising faces across pose and age. ArXiv preprint arXiv:171008092

Ghahramani Z, Jordan MI, Adams RP (2010) Tree-structured stick breaking for hierarchical data. In: Advances in neural information processing systems, pp 19–27

Goetschalckx K, Moons B, Lauwereins S, Andraud M, Verhelst M (2018) Optimized hierarchical cascaded processing. IEEE J Emerging Sel Top Circuits Syst. https://doi.org/10.1109/JETCAS.2018.2839347

Han S, Mao H, Dally WJ (2015) Deep compression: compressing deep neural networks with pruning, trained quantization and Huffman coding. ArXiv preprint:151000149

Huang G, Che D, Li T, Wu F, van der Maaten L, Weinberger K (2017) Multi-scale dense networks for resource efficient image classification. ArXiv preprint arXiv:170309844, submitted to ICLR 2018

Li M, Bijker W, Stein A (2015) Use of binary partition tree and energy minimization for object-based classification of urban land cover. ISPRS J Photogramm Remote Sens 102:48–61

Liu L, Deng J (2017) Dynamic deep neural networks: optimizing accuracy-efficiency trade-offs by selective execution. ArXiv preprint arXiv:170100299

Moons B, Goetschalckx K, Van Berckelaer N, Verhelst M (2017a) Minimum energy quantized neural networks. In: Asilomar conference on signals, systems and computers

Moons B, Uytterhoeven R, Dehaene M Wim Verhelst (2017b) Envision: a 0.26-to-10 tops/w subword-parallel dynamic-voltage-accuracy-frequency-scalable convolutional neural network processor in 28nm FDSOI. In: International solid-state circuits conference (ISSCC)

Panda P, Sengupta A, Roy K (2015) Conditional deep learning for energy-efficient and enhanced pattern recognition. CoRR abs/1509.08971, http://arxiv.org/abs/1509.08971, 1509.08971

Price M, Glass J, Chandrakasan AP (2017) A scalable speech recognizer with deep-neural-network acoustic models and voice-activated power gating. In: 2017 IEEE international solid-state circuits conference (ISSCC). IEEE, pp 244–245

Saberian M, Vasconcelos N (2014) Boosting algorithms for detector cascade learning. J Mach Learn Res 15:2569–2605

Sun M, Snyder D, Gao Y, Nagaraja V, Rodehorst M, Panchapagesan NS, Matsoukas S, Vitaladevuni S (2017) Compressed time delay neural network for small-footprint keyword spotting. In: Proceedings Interspeech 2017, pp 3607–3611

Venkataramani S, Raghunathan A, Liu J, Shoaib M (2015) Scalable-effort classifiers for energy-efficient machine learning. In: Proceedings of the 52nd annual design automation conference. ACM, New York, p 67

Viola P, Jones M (2001) Rapid object detection using a boosted cascade of simple features. In: Proceedings of conference on computer vision and pattern recognition, pp 511–518

Xu ZE, Kusner MJ, Weinberger KQ, Chen M, Chapelle O (2014) Classifier cascades and trees for minimizing feature evaluation cost. J Mach Learn Res 15(1):2113–2144

Yuan J, Chan HY, Fung SW, Liu B (2009) An activity-triggered 95.3 db dr −75.6 db thd cmos imaging sensor with digital calibration. IEEE J Solid State Circuits 44(10):2834–2843

第 **3** 章

硬件－算法协同优化

本章的结构如下：3.1 节将概述用于优化面向深度学习算法的硬件平台的最先进技术：（A）数据流优化；（B）稀疏优化；（C）利用神经网络的容错性。本章的其余部分集中讨论（C）对系统层面的优化。3.2 节是一个高层次能耗模型，用于估计定点计算对神经网络能耗的影响。该模型基于第 4 章所提出的电路级技术和第 5 章中芯片设计的实验结果，在 3.3 节和 3.4 节中分别被用于分析测试时的定点神经网路和训练时的量化神经网络，其中后者可用于设计最低能耗的网络。最后，3.5 节使用相同的模型来估计非线性量化技术的效果。

3.1 简介

本节是对算法和架构层面上用于最小化神经网络能耗的相关技术的简要文献综述。所有讨论的技术和实现都利用了 3 个关键神经网络特征（A、B、C）之一：

A. 深度学习网络表现出非常特殊的数据流特征，具有大量潜在的并行性和数据重用性。在特定应用领域的硬件设计中可以充分利用这一特征。

B. 深度学习网络表现出很大的稀疏性：许多参数在网络训练后会变得很小，甚至等于零。许多通过网络传播的数据值也会在评估期间变为零。这个特征可以用来减少硬件中的操作和内存访问，也可以通过创新性的训练技术来进一步加强利用。

C. 深度学习网络被证明对于近似或引入的错误具有鲁棒性。这在各种低精度的硬件实现中得到了利用。最终，基于这种观察引出了第 4 章和第 5 章中针对深度学习算法定制化的动态精度硬件架构，以及第 6 章中针对低功耗神经网络的特定模拟电路和架构。

这里给出的一些例子是单纯的硬件优化，旨在更高效地运行给定的神经网络。其他工作着重于重新设计或重新训练存在轻微变化的网络结构，使得在新的硬件平台上达到更好的性能。关键性的技术概述如图 3-1 所示。

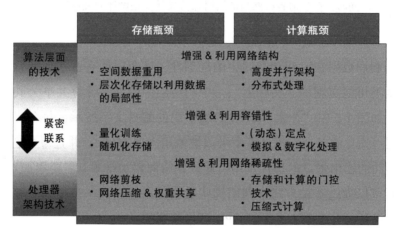

图 3-1　用于提高效率并支持深度神经网络在嵌入式设备部署的算法和处理器架构的技术概述

3.1.1　利用网络结构

在很多应用领域，设计人员逐渐抛弃了通用处理器的理念，通过开发专门针对目标算法的定制化硬件加速器来提高算法评估的能效。这样的加速器可以利用算法中已知的数据流来实现算法的并行执行和最小化数据搬运，如图 3-2 所示。最近业界已经发布了几款针对卷积层和全连接层高效运行的 ASIC 设计。所有的解决方案都具有远超 CPU 的高并行度。这可以在一个包含数百到数千个乘累加器（Multiply ACcumulator, MAC）的数据通路中得到验证，而 Google 公司最近的张量处理单元（Tensor Processing Unit, TPU）就是一个拥有 64000 个 MAC 的极端示例（Jouppi 等人，2017）。

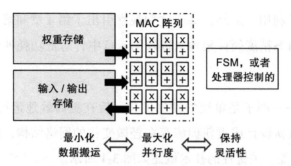

图 3-2 定制化的深度神经网络处理器通过最小化数据搬运和最大化并行度来提高效
率。同时，在映射各种网络的同时保持灵活性是设计的关键所在。FSM 代表有
限状态机

如果不利用数据在时间和空间中的局部性，试图向所有这些功能单元并发提供
数据几乎是不可能实现的。实际上，一个网络层中的许多计算共享公共的输入。更
具体地说，如图 1-5 中"朴素"CNN 的伪代码的醒目文字所示，每个权重参数在输
出张量中同一切片的多个卷积计算中可以被重用大概 M^2 次，并且每个输入数据点都
会被 F 个不同的输出张量的切片重用。此外，中间累加结果 o 需要累加 $C \times k^2$ 次。定
制化加速器可以通过多种方式来利用这些数据重用性以进一步提高效率，而这是具
备高度并行但是没有数据流优化的 GPU 所做不到的。

一方面，数据复用可以通过在多个并发的执行单元上复用同一数据，或等效地
在同一个执行单元的不同时隙中复用数据来实现。在这种拓扑中，可以区分为 3 种
极端情况：

❑ 在"权重并行"或"输入固定"的方法中（见图 3-3），同一输入数据会跟同
一层中不同输出通道的若干权重相乘。在理想情况下，这里每个输入将只加
载一次到系统中。但是这会对权重的存储带宽（BandWidth，BW）产生负面
影响，因为每次产生新的输入都需要频繁地重新加载权重。而且输出结果的
累加无法在不同的时钟周期完成，需要将中间结果缓存在存储器中以便之后
重新取回，这严重影响了输入 / 输出（I/O）存储器的带宽。

❑ "权重固定"或"输入并行"的方法改善了权重存储带宽，但以输入存储带宽
为代价。这里每个权重都被提取一次并与许多输入值相乘。

❑ **"输出固定"** 的方法会在每个时钟周期重新加载新的权重和输入，并且能够在不同的时钟周期累加中间结果，从而有益于输出的存储带宽。

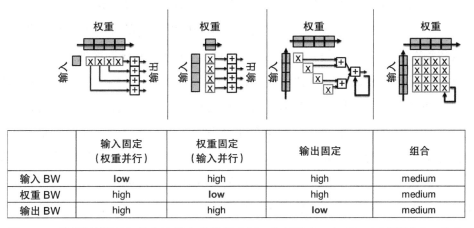

	输入固定 （权重并行）	权重固定 （输入并行）	输出固定	组合
输入 BW	**low**	high	high	medium
权重 BW	high	**low**	high	medium
输出 BW	high	high	**low**	medium

图 3-3　不同的计算机架构允许最大化数据重用，包括输入、权重、中间结果或 3 种的组合

实际上，大多数实现都采用了 3 种极端情况的混合形式。Moons 和 Verhelst（2016）的例子是一个输入、输出和权重固定的混合实现，这将在第 5 章讨论。在 Shin 等人（2017）的设计中，输入和输出是固定的，从而最小化芯片的 I/O 带宽。在 Chen 等人（2016a）和 Peemen 等人（2013）的设计中，可以找到更详细的关于不同并行方案的概述，以及对它们的优点的评估。其他重要的早期实现方法见 Conti 和 Benini（2015）、Farabet 等人（2011）和 Chen 等人（2014）的文献。所有这些例子都针对 CNN 数据流进行了优化。

减少连续数据读取能耗的另一种方法是利用数据的时间局部性来减少读取每个数据的能耗开销。大多数现实的深度神经网络都需要非常多的权重和 I/O 数据（兆字节到千兆字节），以致无法将它们装入片上存储中，因此需要从耗能较高的外部 DRAM（动态随机存取存储器）中读取。与传统处理器类似，可以通过由一层或多层的片上 SRAM（静态随机存取存储器）或寄存器堆组成的存储层次结构来缓解这种情况。频繁访问的数据可以存储在本地以降低其读取成本（见图 3-4）。

与通用解决方案的一个重要区别是，这种方法可以针对网络结构优化层次结构中的存储容量。例如，可以预测能够精确缓存一个权重张量的本地存储容量。更重要的是，网络也可以在考虑了处理器存储层次结构的情况下进行训练。基于这种方式训练后，网络可以完全地存储在片上存储中。当前，这种优化与并行化的方案是高度交织的。通过共同优化它们，可以调整存储层次结构的并行度以最小化存储访问次数和每次访存代价的乘积（Cecconi，2017）。分布式和**脉动式**处理可以视为这种层次化存储器的一种极端。在脉动处理概念中，二维数组结构的功能单元在本地处理数据，并将输入和中间结果在单元和单元之间进行传递，而不是与全局存储器进行数据交互。这些功能单元每个都配备了非常小的 SRAM（如 Chen 等人，2016b），或者甚至只有寄存器（如 Jouppi 等人，2017），以在本地存储数据并最大程度地提高阵列内的数据复用率。处理过程以脉动的形式在整个阵列中进行，权重系统可以在功能单元中保持不变，输入数据在整个阵列中沿着一个方向移动，而输出数据则在正交方向上累积。通过使所有脉动单元保持忙碌而又不增加存储带宽，使得脉动阵列能针对卷积或矩阵乘法以并行的方式执行大量的计算。感兴趣的读者可以参考 Annaratone（1987）和 Jouppi 等人（2017）的文献来了解更多细节。

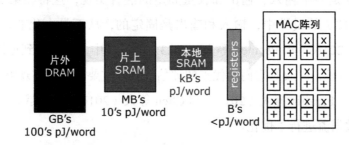

图 3-4   一种精心设计的存储器层次结构，可以避免从成本高昂的 DRAM 接口中读取所有的权重和输入数据，并在本地存储了经常访问的数据

利用局部性的另一种方法是**存内计算**，即计算被集成在存储阵列内部（Biswas和 Chandrakasan 等人，2018）。尽管人们在传统的存储器架构中也在追求这一点，但对于新兴的非易失性存储器阵列而言，结果看起来特别有希望。例如，在阻性存储技术（Shafiee 等人，2016）或闪存中设计定制化的存内计算架构，第 6 章将详细介绍该作者设计的一个例子。基于存内计算的设计是硬件 – 算法协同优化的一个例

子，因为使其设计高效的几种技术都需要特定于硬件的神经网络拓扑结构和训练算法。

3.1.2 增强并利用稀疏性

使硬件平台适配神经网络算法的第 2 类方法是利用其稀疏性，因为神经网络模型的许多权重值以及中间数据值均为零。图 3-5a 给出了 AlexNet 的稀疏性。可以看出，超过 70% 的激活值为零。在低位宽的计算中，一些权重的值也被量化为零。这带来了很多机会：在硬件方面，可以通过以下方式加以利用（见图 3-5b）：①防止任何的 MAC 具有零值的输入，因为零值的乘累加只会导致能量的浪费；②甚至不从内存中读取零值的数据；③使用诸如霍夫曼（Huffman）或其他类型的编码来压缩片上 / 片外的数据流。有几种硬件实现利用了这些 CNN 特性，其中一些将在第 5 章进行讨论。Moons 和 Verhelst（2016）和 Chen 等人（2016）通过将非零输入数据选通到算术单元来跳过不必要的稀疏计算，并压缩片外的数据流。一些商业产品也采用了类似的技术。Albericio 等人（2016）和 Kim 等人（2017）允许加速稀疏网络的评估流程。

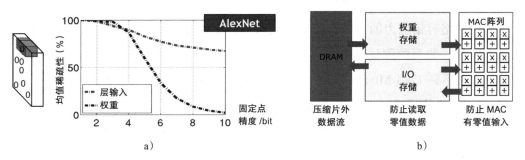

图 3-5　a）典型网络的输入和权重的稀疏性取决于评估网络的计算精度和 b）这种稀疏性可以使得处理器的 I/O 接口、片上存储器和数据通路的能耗得以降低

深度网络训练算法也可以通过迭代修剪最小权重值（将其量化为零）并重新训练网络的方式来修改，以增强网络的稀疏性（Han 等人，2015b）。更进一步，考虑能耗的剪枝技术甚至考虑了硬件的能耗模型，以最大限度地提高剪枝效率（Sze 等人，2017）。传统的加速器可以从这种压缩中受益，但是仅局限于减少存储大小和减少存储访问的数量。然而，EIE 加速器（Han 等人，2016a）证明，通过使数据通路和存储

接口适配压缩数据的格式，也可以直接对压缩数据进行操作。Yin 等人（2017）通过强制神经网络保持结构化稀疏而不是 Han 等人（2015a）所提出的随机化稀疏，进一步拓展了深度压缩的概念。其他技术包括基于奇异值分解（Singular Value Decomposition, SVD)(Xue 等人，2013）或 SVD 和深度压缩的组合（Goetschalckx 等人，2018）。

如果利用稀疏性的硬件平台是可实现的，则可以将网络设计为尽可能稀疏。一种方法是利用 ReLU 激活函数，并通过 L1 或 L2 正则化分别使权重为零或较小（请参见 1.3.4 节）。

3.1.3 增强并利用容错性

在定制化处理器中可以利用的深度神经网络的第 3 个重要方面是其容错能力。许多研究观察到 CNN 和其他网络对其权重参数及其中间计算结果的扰动具有鲁棒性（Moons 等人，2016；Gysel 等人，2016），可以利用这两者来开发更高效的硬件（见第 4 ~ 6 章）。另外，还可以对神经网络进行显式训练以使其在此类平台上具有更好的表现，这将在 3.4 节详细叙述。

利用网络容错能力的一种直接方法是以低精度执行计算，而仅导致有限的识别准确率损失。典型的测试基准集可以在 1 ~ 9bit 定点而不是 32bit 浮点上运行，且准确率损失不到 1%（Moons 等人，2016；Jiang 和 Gielen，2003；Dundar 和 Rose，1995）。如 3.3 节将述，这可以通过在运行之前对使用浮点训练的网络的所有权重进行量化来实现。当已经在训练步骤本身中引入了量化时，可以获得更好的结果（Hubara 等人，2016b；Moons 等人，2017a)，使得在同样应用识别准确率下获得精度更小的网络（见 3.4 节）。如果网络结构和硬件平台共同优化，如 3.4 节中的例子所示，那么它是一种硬件 – 算法协同优化。本章将详细讨论算法方面的技术细节。硬件部分可能的能量增益方案将在第 4 章和第 5 章进行详细讨论。

在最极端的情况下，经过专门训练的网络可以只使用 1bit 来表示权重（Rastegari 等人，2016）和激活值（Rastegari 等人，2016；Courbariaux 和 Bengio，2016），这种情况下所有的乘法都可以替换为高效的 XNOR 操作（Andri 等人，2016）。Rastegari 等人（2016）提出了 ImageNet 的二值权重版本，只比全精度的 AlexNet（Krizhevsky 等人，2012a）的 top-1 精度降低了 2.9%。第 6 章将对 BinaryNet 的 ASIC 实现进行讨论。

下面对第 4 章进行简要的概述和介绍。相比于目前使用 32 ～ 16bit 浮点数格式运行的 CPU 和 GPU 架构，利用容错能力有可能可以显著地降低能耗。将精度从 32bit 浮点降低到较低比特的定点精度，不仅减少了计算量，而且使网络权重和中间结果所需的存储与数据访问开销最小化。此外，对于非常低的位宽，这甚至可以通过预加载的查找表来替换具有多个数据值且具有相同权重因数的乘法器（Shin 等人，2017）。尽管大多数处理以 16bit、12bit 或 8bit 恒定的比特长度运行，但最近的一些实现支持可变比特长度计算，处理器可以在运算过程中改变使用的计算精度（Moons 和 Verhelst，2016；Shin 等人，2017；Moons 等人，2017c；Lee 等人，2018）。这与以下观察到的现象是一致的，即深层网络的最佳比特长度随着应用的不同而有着很大的差异，甚至在单个深层网络的各个层之间也有所不同（Moons 等人，2016）（见图 3-6a）。可变分辨率处理器使用一种称为动态 – 电压 – 精度 – 频率 – 调节（Dynamic-Voltage-Accuracy-Frequency-Scaling, DVAFS）的技术（Moons 和 Verhelst，2015；Moons 等人，2017b）在计算分辨率下降时降低翻转率、电源电压和并发度。这使得系统的能耗与计算分辨率呈现出超线性的关系（见图 3-6c）。这个技术将在第 4 章和第 5 章中进行详细讨论。

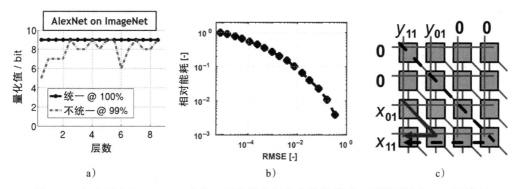

图 3-6 a) 在浮点的 AlexNet 中统一量化所有权重和数据值时，网络可以在 9bit 的精度下运行。通过让每一层都运行在其最佳的精度，可以实现更低的精度而不会明显降低分类准确率。这允许 b) 通过降低计算精度来节省功率，以及 c) 通过减少活动因数和关键路径调节来构建能耗随计算精度大幅调节的乘法器。这将在第 4 章和第 5 章进行进一步讨论

另一流派的思想是通过容忍不确定的统计错误来节约能耗。这可以通过在充满噪声的模拟域中执行卷积操作来完成（Fick 等人，2017）。另外，在数字领域，可以通过在高能效的近阈值区域操作电路（Lin 等人，2016；Bankman 等人，2018）和 / 或存储（Whatmough 等人，2017；Yang 等人，2018）来利用随机容错的特性。

最后，操作环境也会极大地影响网络的近似容忍度。在给定的分类应用中，输入数据的质量可能会动态地变化，或者某些类可能比其他类更易于观察。如果人们试图学习一个在所有可能的情况和类别下表现都可接受的通用网络，那么将需要一个庞大、复杂且耗能的网络拓扑。然而，最近的工作提倡进行层次化的训练或使用分阶段的网络（Huang 等人，2017），这些网络会在几个可选阶段执行分类任务。在每个阶段，仅会执行网络的几个层，然后分类层尝试从当前输出中预测类别。仅当获得的概率不够显著时，才运行其他网络层和分类器，直到获得具有不同概率的分类结果。这样的动态评估可以在任何硬件平台上执行，但是同样可以从硬件实现感知的训练技术或拓扑优化的实现中受益。根据在 ImageNet 数据集上执行推理任务的结果，（Huang 等人，2017）在达到相等准确率的情况下相比之前最先进的网络可以减少 2.6 倍的操作数量。本书中类似的层次化处理方法在第 2 章已经进行了讨论。

本章的其余部分着重从系统层面——准确率和高层次的能耗开销来讨论不同类型的低精度神经网络：可以运行在任意低定点精度的量化神经网络（Quantized Neural Network，QNN）。3.4 节将说明在实际硬件中 QNN 可以实现的预期能耗收益。第 5 章将讨论受益于该技术的两种芯片实现。最后，第 6 章将讨论 QNN 最极端形式的几种物理实现：二值（1bit）神经网络。

3.2　低精度神经网络的能量增益

通过调整精度来利用神经网络的容错能力，可以降低数字电路的有功功耗。本书的第 4 章和第 5 章将讨论在实际系统中应用该技术所需的硬件和电路层面的注意事项，而这里提供一个基本的能耗模型。

数字系统中的总功耗包括动态功耗和漏电功耗。可以概括为 $P = \alpha C f V^2 + P_{\text{leakage}}$，式中，$\alpha$ 是电路的翻转率；f 是时钟频率；C 是总开关电容；V 是电源电压。通过调节精度（即动态缩放编码网络权重和输入的比特数），可以大大减少翻转率 α。图 3-6b 说明了典型数字乘法器中可实现的能耗－准确率的折中。需要注意的是，在输出误差为 1% 均方根误差（Root-Mean-Square-Error，RMSE）的情况下，可以实现高达 12 倍的能量增益。由于神经网络被证明是具有容错性的，因此在这样的 RMSE 偏差下中间计算的性能可能不会降低。为了更准确地估计低精度网络的能耗，可以基于第 5 章构建一个通用的硬件能耗模型，如图 3-7 所示。

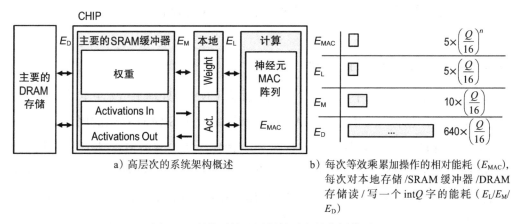

a）高层次的系统架构概述　　　　b）每次等效乘累加操作的相对能耗（E_{MAC}），每次对本地存储/SRAM 缓冲器/DRAM 存储读/写一个 int$Q$ 字的能耗（E_L/E_M/E_D）

图 3-7　所使用的通用硬件平台的能耗模型

每次推理的全局能耗是与片外 DRAM 访存所消耗的能量和处理平台本身的能耗之和。因此，每个网络推理的总能耗为

$$E_{inf} = E_{DRAM} + E_{HW} \tag{3-1}$$

3.2.1　片外访存的能耗

由于成本和漏电能耗的限制，常开芯片中的可用存储经常是有限的，因此通常不足以存储完整的模型和特征图。这种情况下，芯片将不得不频繁地与片外的存储系统进行通信。这样的接口成本要比一个等效的 MAC 操作高出两个数量级（Horowitz，2014）。如果实现的网络压缩（无论是权重还是激活）可以使得网络完全存储在片上存储中，那么使用较少的比特位宽对权重和激活进行量化就有可能具有

更高的能效。访问片外 DRAM 的能耗可以建模如下：

$$E_{\mathrm{DRAM}} = E_{\mathrm{D}} \times \left(s_{\mathrm{in}}^2 \times c_{\mathrm{in}} \times \frac{M}{Q} + 2 \times f_{\mathrm{re-fetch}} + w_{\mathrm{re-fetch}} \right) \tag{3-2}$$

式中，E_{D} 是每个 int$Q$ 的 DRAM 访存的能耗，如图 3-7 所示；s_{in}、c_{in} 和 $\frac{M}{Q}$ 分别是输入图形的尺寸、输入通道数和 3.4.1 节中定义的第 1 层因数；$f_{\mathrm{re-fetch}}$ 和 $w_{\mathrm{re-fetch}}$ 是中间特征图或模型无法完全存储在片上的情况下必须从 DRAM 重新读取 / 存储的字数。

这些因素取决于所使用的切分方案和可用的片上存储容量。

3.2.2 硬件平台的一般性建模

如图 3-7 所示的硬件平台是一个典型的面向 CNN 的处理平台。它包含一个并发的神经元阵列，包含一个有 p 个 MAC 单元和两级片上 SRAM 存储的固定区域。一个大型主缓冲区可以存储 M_{W} bit 的权重和 $M_{\mathrm{A}}=M_{\mathrm{W}}$ bit 的激活值，其中 50% 用于当前层的输入，另外 50% 用于当前层的输出。一个较小的本地 SRAM 缓冲区主要存储当前正在使用的权重和激活值。根据 Horowitz（Horowitz，2014）对 SRAM 的访问和 MAC 运算的相对能耗进行建模。在这里，对小型的本地 SRAM 的读 / 写操作的能耗 E_{L} 被建模为等于单个 MAC 操作的能耗 E_{MAC}，而访问主存 SRAM 的开销 $E_{\mathrm{M}} = 2 \times E_{\mathrm{MAC}}$。其他的操作，比如偏置相加、量化 ReLU 和非线性批归一化，都建模为 E_{MAC}。所有这些数字都包含了控制、数据传输和时钟开销。那么，每次推理的总片上能耗就是计算能耗 E_{C}、访问权重的能耗 E_{W} 和访问激活值的能耗 E_{A} 的总和。在 28 nm 工艺下，16 bit 操作下的 $E_{\mathrm{MAC}} = 3.7\mathrm{pJ}$（Moons 等人，2017c）。一次对 SRAM 缓冲区的读 / 写操作的能耗被建模为 $E_{\mathrm{SL}} = 2E_{\mathrm{MAC}}$ 和 $E_{\mathrm{SM}} = 10E_{\mathrm{MAC}}$（Horowitz，2014）。全局的能耗如下：

$$
\begin{aligned}
E_{\mathrm{HW}} &= E_{\mathrm{C}} + E_{\mathrm{W}} + E_{\mathrm{A}} \\
E_{\mathrm{C}} &= E_{\mathrm{MAC}}(Q) \times N_{\mathrm{c}} + E_{\mathrm{MAC}}(16) \times 3 \times A_{\mathrm{s}} \\
E_{\mathrm{W}} &= E_{\mathrm{M}} \times N_{\mathrm{s}} + E_{\mathrm{L}} \times N_{\mathrm{c}} / \sqrt{p} \\
E_{\mathrm{A}} &= 2 \times E_{\mathrm{M}} \times A_{\mathrm{s}} + E_{\mathrm{l}} \times N_{\mathrm{c}} / \sqrt{p}
\end{aligned}
\tag{3-3}
$$

式中，E_c 是所有计算的能耗总和，包括部分积的产生、偏置相加、批归一化和激活函数，这是通过评估 N_c 来计算的；N_c 是网络复杂度所对应的 MAC 操作数，偏置相加、批归一化和激活函数在每个输出特征点上以高精度（16bit）运行，因此系数为 $3 \times A_s$；N_s 是模型的大小，以权重和偏置的数量表示；A_s 是整个网络的中间输出特征点的总和。

权重从主缓冲区传递到本地缓冲区并在本地被复用，可以得到 E_W 的等式。这里 $\sqrt{p}$ 是由于激活值的并行所导致的存储能耗的减少，因为一个权重会同时被 $\sqrt{p}$ 个激活值使用。从主缓冲区中读取 / 存储激活值可以推导得到同样的等式 E_A。本地激活值的访问次数除以 $\sqrt{p}$，这是因为一个激活值会同时乘以 $\sqrt{p}$ 个权重。总的并行度 p 是这些等式中的一个变量。取决于 Q 的值，任何片上存储器都可以存储数量可变的权重和激活值。一个 2MB 的存储器可以存储超过 2M 的 1bit 权重，但仅能存储 131k 的 16bit 权重。如果权重或者特征图的大小超过了片上可用存储的大小，则必须与较大的片外 DRAM 存储器进行通信，如 3.2.1 节所述。

3.3　测试时定点神经网络

测试时定点神经网络（FPNN）是精度较低的网络。它们使用浮点数进行预训练，并根据训练后定点分析的结果在推理之前进行量化。

本节中讨论的工作由 Moons 等人发表（2016）。这项研究分别被用作第 4 章和第 5 章中讨论的电路技术和芯片实现的起点和启发。这个工作的创新有 3 个方面：

1）它表明可以通过对某一层的输入和权重在测试时量化，从而在多种 CNN 中调节计算精度。每个 CNN 所需要的最低计算精度会因网络结构、应用甚至每个层而存在差异。

2）它表明 CNN 通常是非常稀疏的，特别是在使用低精度的网络中。可以通过跳过这种冗余的稀疏计算，以利用该特征来降低能耗。

3）评估了降低精度和稀疏跳过操作对算法准确率和能耗的影响。理论上可达到的能耗－准确率曲线是针对图像分类任务中的 3 种主流的 CNN 模型得出的。

3.3.1　分析和实验

在用于图像分类任务的 3 种不同的神经网络结构上，这里分析了测试时量化对性能和能耗相关的影响。由于不可能涵盖整个网络结构和应用的范围，因此选择了 3 个主流的神经网络来代表其参数数量明显不同的小型、中型和大型的网络结构：

- ❑ LeNet-5 在 MNIST 数据集（Le Cun 等人，1990）：LeNet-5 是一个有两个卷积层和两个全连接层的小型神经网络。
- ❑ CifarQuick 在 CIFAR-10 数据集（Krizhevsky 和 Hinton，2009）：CifarQuick 是具有 3 个卷积层和 2 个全连接层的中型神经网络。与 LeNet-5 相比，它每层具有更多的特征提取器，并且可以处理彩色图像而不是灰度图像。它对 Cifar-10 数据集的图像进行分类，准确率达到 75.3%。
- ❑ AlexNet 在 ImageNet 数据集（Krizhevsky 等人，2012b）：AlexNet 是具有 5 个卷积层和 3 个全连接层的大型神经网络。它可以达到 80% 的 top-5 准确率。

对于这些实验，本书对开源深度学习框架 Caffe（Jia 等人，2014）进行了定制化开发，以便能够模拟网络权重和输入的量化。所有实验均在之前所讨论的基准验证集上进行。本章中将报告相对准确率，即量化后准确率与原始网络准确率之比。

3.3.2　量化对分类准确率的影响

如前面所强调的，神经网络具有容错性。因此，花费在高精度计算上的能耗不会使得算法获得更准确的分类。为了减少 CNN 计算的能耗，这项工作的主要策略是在测试时量化所有的网络权重及其各层的输入，以获得原始网络的一个近似网络。该工作的主要目的是找出量化对网络准确率的影响，以及各个网络架构之间的影响是否存在显著差异。

可以通过以下函数量化在 [-1，1] 区间 (x) 上的权重或输入值：

$$q = \text{clip}\left(\frac{\text{round}\left(2^{Q-1} \times x\right)}{2^{Q-1}}, -1, 1 - 2^{-(Q-1)} \right) \tag{3-4}$$

在量化权重和输入之前，重要的是根据其值在 [−1，1] 区间上的分布正确地重新缩放它们。如果这些值所在的区间与量化的区间不匹配，则即使在高精度下准确率也会下降。因此，网络中所有层的输入和权重都会用一个标量值进行重新缩放，该标量值对应于在验证数据集的完整运行期间观察到的最大输入或权重值（四舍五入到下一个 2 的幂次）。这确保了对量化区间的限制跟对数据的限制是对应的，并且没有浪费量化位。该缩放方式与将结果乘以 2 或将数据以定点数表示形式进行移位在数学上是相同的，因此该操作在硬件上执行的代价非常小。

1. 量化对分类准确率的影响

第一个实验中，将单个量化方案用于网络中的所有层，并将其称为统一量化。随后，使用分层量化的方法对每个层进行分别量化。

图 3-8a 给出了所使用的 3 个网络的相对准确率与量化位数的关系。从图 3-8a 中可以看出，对于所有 3 个网络，相对准确率在高于 19 bit 量化时均保持为 1，这意味着量化网络在其数据集上达到了与原始网络完全相同的准确率。但是，在低于 18 bit 量化时，AlexNet 的准确率开始迅速下降，从而使其在任何实际应用中均无效。对于较小的 LeNet-5，在 11 bit 量化时可以看到相同的现象。

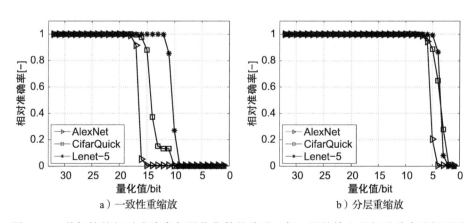

a）一致性重缩放 b）分层重缩放

图 3-8 3 种架构的相对准确率与量化位数的关系。每一层的输入和权重首先进行了重新缩放以便可以更有效地对其进行量化。这里比较两种重缩放策略：a）一致性重缩放，所有输入和权重以相同的值进行缩放；b）分层重缩放，输入和权重在每层的基础上进行缩放

可以通过以更细粒度的方式应用缩放以获得更好的结果，为每一层选择不同的缩放因数，这可以通过一个简单的例子来阐明：AlexNet 的第 1 层和第 6 层的权重统计数据如图 3-9 所示。第 1 层的所有权重都在 [-0.5，0.5] 区间内，而第 6 层的权重都在 [-0.0625，0.0625] 区间内。通过允许在此较小间隔内而不是在 [-0.5，0.5] 上量化第 6 层中的权重，可以节省 3 bit，否则这些位将被浪费。类似的这个方法也适用于层的输入值量化。

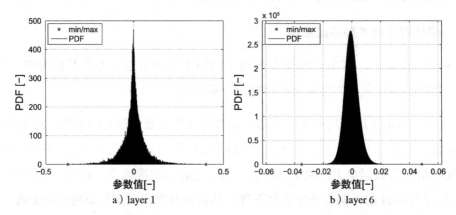

a）layer 1　　　b）layer 6

图 3-9　AlexNet 的第 1 层和第 6 层的权重统计信息。第 1 层应该投影在 [-0.5,0.5] 区间上，第 6 层应该投影在 [-0.0625,0.0625] 区间上，以最大程度地减少所需的位数。如果将第 6 层投影在 [-1,1] 区间上，则将需要 4 个额外的位

如图 3-8b 所示，分层重缩放的效果是显著的。与之前的方案相比，系统现在可以在不牺牲准确率的情况下更主动地进行量化。每个网络可以使用不超过 8 bit 的原始准确率进行量化。之后，准确率又迅速下降。进行此改进的原因是，各层的输入和权重统计数据存在很大差异。分层重缩放允许在每一层中设置最佳量化区间。分层重缩放的概念也称为动态定点。

2. 分层量化

就像分层重缩放一样，网络也可以进行分层量化：不是用相同的位宽来量化网络的所有权重和输入，而是在每层中选择不同的位宽设置。这个想法的目的也是通过利用特定层的输入和权重分布的变化，来找到每个层的最佳位宽设置。分层量化

的另一个效果是可以更精确地设置工作点（即所需的最小相对准确率）。如后面在
3.3.4 节中将讨论的那样，这可以严格控制能耗 - 准确率的折中，而这是均匀量化不
可能实现的：例如，在 5 bit 和 4 bit 量化之间，LeNet-5 的相对准确率立即从 99.4%
下降到无法使用的 86.6%。

为了找到每一层最优的量化方案，对参数进行贪婪搜索：从第 1 层开始，对其
输入进行量化，直到准确率下降到目标准确率为止。接下来，输入的量化保持固定，
同时权重的量化以相同的方式最大化。在下一层中应用相同的过程，直到最后一层。

对于每个参考网络，与以 100% 相对准确率进行均匀量化相比，以 99% 的目标
准确率进行分层量化能节省的位数如图 3-10 所示。结果上每个点不尽相同，但总的
趋势是，网络的较低层比高层需要较少的位宽。这部分是前向参数扫描的结果，但
是可以假设较低层和较高层之间的输入和权重统计数据的差异也起着重要作用。

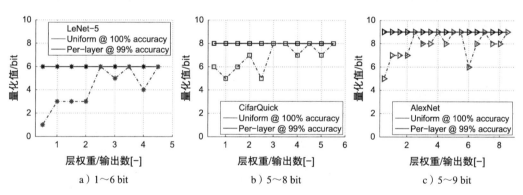

图 3-10　均匀和最优分层量化的比较。整数值的数据点显示了不同层的权重的量化位
　　　　宽。其他数据点显示了不同层的输入的量化位宽

3.3.3　稀疏 FPNN 的能耗

本节将会说明这种逐渐增加的量化如何实现实际硬件架构中的能耗节省。为了
数值化 CNN 加速中低精度数字表示形式可能产生的能量增益，根据 3.2 节对完整的
CNN 算法中必要的卷积算法（乘和加）的能耗进行建模。由于此分析是最早的工作，
因此尚未包含控制、I/O、数据和程序 - 存储器接口以及时钟网络的能耗。因此，可

以将其视为通过定点计算能够实现的最大可能的能耗减少。上面讨论的能耗模型基本上简化为 $E_{DRAM}==0$ 和 $n==2$。

在此分析中添加的是网络稀疏性的影响，因为典型 CNN 的零值权重和零值输入的数量在较高量化时会增加。可以通过使用零值输入跳过不必要的计算来利用这一点。许多 CNN 的一个有趣特征是 ReLU 层的出现。这些层将所有负输入都置为零，并传递所有的正值，如输出 =max（0，输入）。由于 CNN 分类算法中的许多层仅在存在某些特征时才输出正值，因此大量 ReLU 输出将为零，并且不必用于进一步的计算。因此，ReLU 层可以通过计算跳过的方式来不计算不必要的计算，从而实现了额外的能耗降低。

图 3-11 显示了在这里的 CNN 示例中，精确缩放对平均零值个数的影响。对于所有网络结构，零值的比例介于总输入值的 50%～90%，具体取决于所使用的量化方案。在精确缩放下，零值的数量显著增加，从所有 LeNet-5 输出的 16 bit 平均为45% 到 5 bit 的 65%。

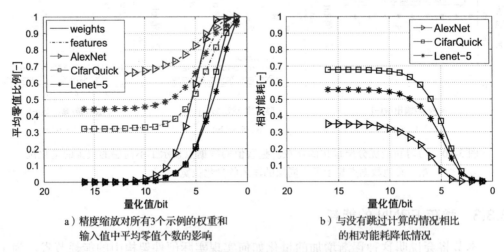

a）精度缩放对所有3个示例的权重和　　　　b）与没有跳过计算的情况相比
　输入值中平均零值个数的影响　　　　　　　的相对能耗降低情况

图 3-11　精确缩放对平均零值个数的影响

在没有硬件支持的情况下，纯软件解决方案中很难实现这种计算跳过，因为在标量核中检查零值输入会浪费时间。但是，可以在具有专用硬件支持的硬件加速器中实现计算跳过。由于可以使算法变得更稀疏，因此这是一种硬件 – 算法协同优化的有效方法。在这种加速器中，标志位可以指示即将到来的数据是否为零，并在这种情况下阻止电路翻转。由于 CNN 权重是固定的，因此可以预先计算这些标志位。本书将在第 5 章中讨论此想法的实现。

3.3.4　结果

通过将精确缩放和计算跳过算法两者结合起来，量化的 CNN 可以在测试时节省大量能耗。图 3-12a 显示了将精确缩放和计算跳过结合在一起时，均匀量化对基准算法能耗的影响。请注意，对于 8 bit 实现的能量是如何降低至 1/20 ～ 1/5 的。

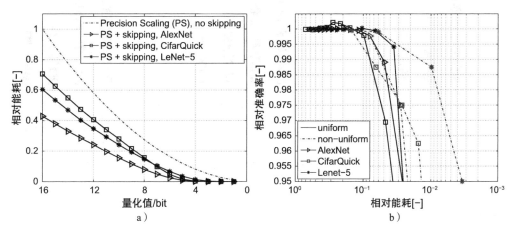

图 3-12　a）均匀量化的相对能耗。与先前文献中常用的 16 bit 相比，在 8 bit 时能耗降低至 1/20 ～ 1/5 和 b）使用跳过计算下的分层量化和缩放的能耗 – 准确率。如果允许 99% 的准确率，则所有考虑的 CNN 网络的能量增益至少为 2 倍

图 3-12b 显示了 CNN 基准集在能耗 – 准确率空间中的曲线。它显示了 95% ～ 100% 分类准确度窗口的折中比较。这里给出了均匀量化和分层量化的所有曲线，并将它们与通常使用的均匀 16bit 数字表示形式进行比较，且没有采用精度缩放和计算跳过。如果使用分层量化，则折中的幅度不如均匀量化那么陡峭。这意味着在过程中损失较少的分类准确率的同时，可以获得更多的能量增益。如果允许降低的分类准确率为 99%，则所有讨论的网络的能量增益至少为 2 倍。

　　图 3-13 概述了每种改进对相对能耗的影响。分层重缩放和计算跳过可带来最大的能量收益。如果可以允许降低准确率至 99%，则分层量化会导致额外的主要能量增益。

　　需要注意的是，本节中使用的能耗模型是有局限性的，只能用作一阶估计。查看模型大小和多次累加运算的数量以准确估算能耗是不够的。之后的 3.4 节是作者后来在训练时量化神经网络上工作的一部分，使用了更准确的能耗模型。这里还考虑了片上存储器的数量和 DRAM 的能耗。

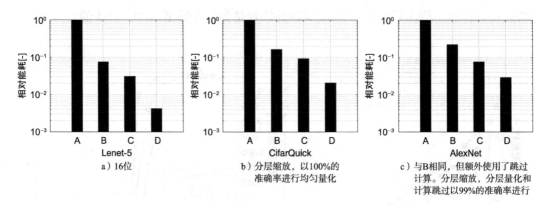

图 3-13　在不同情况下，3 个基准之间的能耗比较

3.3.5　讨论

　　通过使用浮点基准网络的定点数近似，可以使用两种互补的方式减少 CNN 加速器中的能耗：精确缩放和跳过稀疏计算。这两种技术的结合可在多个 CNN 网络中显著节省能耗。这项工作表明，与常用的 16bit 定点实现相比，其能耗降低至 1/30，而没有牺牲算法性能。如果分类准确率可以降低到 99%，则可以通过在同一网络架构上进行逐层优化来节省额外的能耗。在这种情况下，可以额外减少 7.5 倍的能耗。

　　但是，测试时量化是次优的，主要有两个原因：首先，它无法控制最终使用的位数，这意味着该技术不允许在考虑特定硬件平台约束的情况下优化网络；其次，准确率在某个临界点会迅速下降。当低于此计算精度时，该算法将无法工作，这在

图 3-14a 中示出。在这里，相同的网络架构将在不同的配置下以相同的基准进行测试：MNIST、CIFAR-10、自定义人脸检测基准集和 IMAGENET。在图 3-14a 中，绘制了相对于其浮点基线的相对性能。当位宽小于 4 bit 时，FPNN 中的准确率会大大降低。

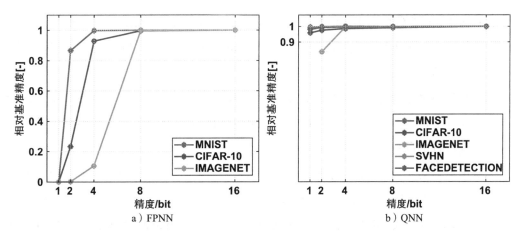

图 3-14　比较 FPNN 和 QNN。因为 QNN 是在量化域中从头开始训练的，所以它们以较低的计算精度实现了较低的准确率损失

3.4　训练时量化神经网络

训练时量化神经网络（QNN）是以任意低精度运行的网络，经过训练可以从头开始进行量化。在训练时量化神经网络中，测试时 FPNN 的两个问题由此得以解决。通过提供对网络量化的显式控制，可以在考虑特定硬件平台约束的情况下优化网络。其次，即使使用 1 bit 量化，也可以实现高准确率的网络拓扑，该算法不一定会在低精度的情况下失败。FPNN 和 QNN 之间的完整比较超出了本书的范围。然而，通过使用如图 3-14 中的实验，可以证明 QNN 优于 FPNN。在图 3-14b 中，从头开始训练与图 3-14a 中相同的网络结构作为 QNN。从图 3-14 可以明显看出，QNN 在相同的计算精度下（因此在一阶能耗中）保持比 FPNN 更高的准确率。

本节主要基于 Moons 等人发表的论文（2017a），这主要是基于先前在 1 bit Binary-Nets 上的工作（Courbariaux 等人，2015；Hubara 等人，2016a，b）。在本节中，在

量化的神经网络引入 3.2 节的推理能耗模型，同时考虑了量化和网络拓扑。这里，根据第 5 章中对 Envision V2 的测量，E_{DRAM} 如图 3-7b 所示，且 $\epsilon = 1.25$。此模型允许共同优化所使用的算法和硬件架构，以实现常开的嵌入式应用程序。

更具体地，本节的创新点如下：

❑ 从 1 bit 到 Q bit（BinaryNet 到 intQ）的 BinaryNet 训练设置的**一般化**，对于纯 CNN（Krizhevsky 等人，2012a）和 ResNet（He 等人，2016）的 CNN 架构，其中 Q 可以是任意值 $\in N$。

❑ 通过将网络复杂度和模型大小引入 QNN 芯片的能耗模型，对 QNN 推理的能耗 - 准确率 - 计算精度的折中进行**评估**。该方案可用于对神经网络拓扑以及其运行的硬件平台进行协同优化。

❑ 这里对等准确率的能耗随所需的准确率、计算精度和可用的片上存储的变化进行了**总结**。首先，根据 QNN 中使用的位数，能耗在准确率不变的情况下变化了数个数量级。其次，在典型的系统中，BinaryNet 或 int4 运算符能实现最小能耗的解决方案，在相同准确率条件下，性能比 int8 网络高出 2 ～ 10 倍。最后，BinaryNet 在具有严格的片上存储器约束或准确率较低的系统中是最佳选择。

3.4.1　训练 QNN

本节将详细介绍训练时 QNN 的公式，该算法仅在网络推理时同时对权重和激活值用定点表示。本质上，QNN 是将二进制和三进制网络（Hubara 等人，2016a；Zhu 等人，2016）推广到多个位，就像 Hubara 等人（2016b）和 Zhou 等人（2016）的工作。

如前所述，现代 CPU 和 GPU 仅原生支持有限数量的计算精度设置，例如 32 ～ 64bit 浮点数或 8 ～ 16bit 整数运算符。因此，这些机器无法从任意低精度的 QNN 中受益。在定制设计的 ASIC 中，可以对所使用的计算精度进行最优的选择，以在给定的准确率水平上最小化每个网络推理的能耗。神经元或点积运算符可以直接实现为集成的数字基础模块。如 3.2 节所述，单个神经元累加的复杂性和能耗会随

着使用的位数 Q 的增加而增加。这些神经元的输出总是输入到非线性、不可微的激活函数，该函数将这些累积的高精度输出舍入到 Q bit 的输出。此概念适用于第 5 章和第 6 章中讨论的 ASIC 原型。

1. 训练时量化权重

在 QNN 中，所有权重都以定点表示量化为 Q bit。以下确定性量化函数用于在前向传播中实现此目的：

$$q = \text{clip}\left(\frac{\text{round}(2^{Q-1} \times w)}{2^{Q-1}}, -1, 1-2^{-(Q-1)}\right) \tag{3-5}$$

这与式（3-4）的量化是相同的。与原始的 BinaryNet 论文一样（Hubara 等人，2016b），$Q=1$ 的情况被视为特例，其中 $q = \text{Sign}(w)$。为了成功地通过离散的神经元传播梯度，"直通估算器"（STE）函数用于反向传播。根据 Bengio 等人，2013）的结论，STE 能实现最快速的训练。如果梯度 $\frac{\partial C}{\partial q}$ 已被一个估算器 g_q 获得，则 $\frac{\partial q}{\partial w}$ 的 STE 为

$$\text{STE} = \text{hardtanh}(w) = \text{clip}(w, -1, 1) \tag{3-6}$$

STE 的 $\frac{\partial C}{\partial w}$ 为

$$g_w = g_q \times \text{hardware}(w) = g_q \times \text{clip}(w, -1, 1) \tag{3-7}$$

就像 Hubara 等人（2016a）中提到的一样，在训练期间，所有实值权重都被限制到区间 $[-1, 1]$ 上。否则，实值权重将变大，而不会影响量化权重。对于不同的 Q，权重量化函数 $q(w)$ 和 STE 绘制在图 3-15 中。

2. 训练时量化激活值

在 QNN 中，所有的激活值都以定点表示量化到 Q 个比特数。如下的确定性量化激活函数被用于前向传播：

$$\begin{aligned} A_{\text{ReLU}} &= \max(0, q(a)) \\ A_{\text{hardtanh}} &= \text{qhardtanh}(a) \end{aligned} \tag{3-8}$$

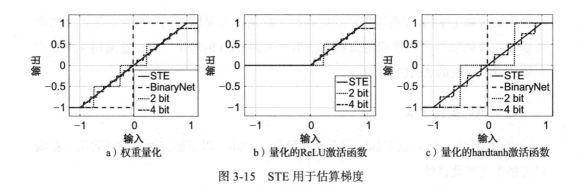

a）权重量化　　　　　b）量化的ReLU激活函数　　　c）量化的hardtanh激活函数

图 3-15　STE 用于估算梯度

式中，qhardtanh 的具体公式可参考如下：

qhardtanh $= 2 \times$ hardtanh(hardsigmoid$(a) \times 2^{Q-1}) / 2^{Q-1}$，其中 hardsigmoid$(a) =$ clip $((a+1)/2, 0, 1)$。

在二值网络中，A_{hardtanh} 简化为 Sign(a)。以下的 STE 用于反向传播的梯度估计：

$$g_{\text{ReLU}} = \max(0, \text{hardtanh}(a))$$
$$g_{\text{hardtanh}} = \text{hardtanh}(a)$$
（3-9）

这里评估了多种方案。对于 int2、int4 和 int8 使用量化 ReLU 函数和对于 $Q=1$ 的情况使用对称量化的 hardtanh 函数可以获得最佳结果。就像 Hubara 等人（2016a）提到的一样，在训练期间，所有实激活值都被限制到区间 [−1，1] 上。激活层之后的每一层都将具有 int$Q$ 的输入。图 3-15b 和图 3-15c 中给出了不同 Q 量化后的 ReLU 和 hardtanh 正向函数以及 STE。

3. QNN 输入层

在 QNN 中，一层的所有输入都被量化为 int$Q$。第 1 层除外，该层通常以 int8 像素作为其输入。在满足 $M>Q$ 的 M 个输入位的一般情况下，可以将 int$Q$ 层视为一系列移位和相加的点积操作。在使用 int4 硬件的 $M=8$ bit 输入的常见情况下，可以将神经元计算为一系列的 2 个连续点积，并将其结果移位正确的数量并加在一起。在这种情况下，等效的 8 bit 表示形式需要加载的输入 int$Q$ 字的数量为 $M/Q=2$。

因此，如下的编码方式可以用来将满足 $M>Q$ 的输入运行在 int$Q$ 的硬件上：

$$s = x \cdot w_Q \Leftrightarrow s = \sum_{n=1}^{M/Q} (2^Q)^{(n-1)} (x^n \cdot w_Q) \qquad （3\text{-}10）$$

式中，$x^{M/Q}$ 是基数 Q 中输入向量 x 的最高有效位；x^1 是最低有效位；w_Q 是量化为 int$Q$ 的权重向量；s 是所得的加权和。

4. 量化训练

在这项工作中，从头开始训练量化神经网络，因为浮点预训练网络通常是 QNN 训练的一个不合适的初始化点，尤其是对于 BinaryNet 和 int2 与 int4 网络。在所有实验中，通过批归一化来加速训练（Ioffe 和 Szegedy，2015），这减少了权重绝对缩放的总体影响。ADAM 学习规则（Kingma 和 Ba，2014）用于权重更新，这也减轻了权重缩放的影响（Hubara 等人，2016a）。所有网络都使用 Theano 和 Lasagne 进行训练。基于 Tensorflow/Keras 的代码可从 https://github.com/BertMoons/ 获得（Moons 等人，2017d）。

3.4.2　QNN 的能耗

本节将说明经过训练的量化如何可以在实际硬件架构中节省能耗。与 3.3 节中对 FPNN 的分析相反，本节包含了控制、I/O、数据和程序－存储器接口以及时钟网络的能耗。在本节给出的结果中，在 3.2 节的模型中，$n=1.25$，该模型基于对 Envision 的测量（请参见第 5 章）。另外，与 3.3 节中的分析相反，本节中未考虑稀疏性。利用稀疏性所需的电路将在精度非常低（1 ～ 4bit）时产生开销，而当使用高精度（4 ～ 16bit）计算时，仍将获得能量增益。在 QNN 的能耗方程中增加稀疏度可能是该领域未来工作的一部分。

3.4.3　实验

1. 测试基准集

在以下 3 个不同的测试基准集上针对朴素 QNN 和 ResNet-QNN 进行实验：MNIST、

SVHN 和 CIFAR-10。这些基准集在 1.3.4 节中进行了详细阐述。

- ❑ 在 MNIST 上，朴素 QNN 模型的训练时间最多为 100 个周期。连续衰减学习率为 0.94，初始值为 0.0001。ResNet 模型进行了 100 个周期的训练，最佳学习率和学习率衰减取决于 Q。在此数据集上不执行任何数据增强。
- ❑ 对于 SVHN，仅使用 30% 的额外训练集来限制训练时间。朴素 QNN 模型最多可训练 150 个周期，从 0.001 开始的连续衰减学习率为 0.94。ResNet 模型训练了 100 个周期，最佳学习率和学习率衰减取决于 Q。在此任务上不执行任何数据增强。
- ❑ 在 CIFAR-10 上，对朴素 QNN 模型进行了最多 150 个周期的训练，连续衰减学习率为 0.94，初始值为 0.0001。ResNet 模型进行了 120 个周期的训练，最佳学习率和学习率衰减取决于 Q。训练集使用 y 轴镜像副本进行了扩展，但未应用其他形式的数据增强。对于测试，仅评估原始测试图像。

2. QNN 拓扑

为了量化 QNN 中的能耗 – 准确率的折中，这里评估了多个网络拓扑。这是必要的，因为网络性能不仅随所使用的计算精度而变化，还随网络深度和宽度而变化，因此也随其计算复杂度和模型大小而变化。实验是在两种 QNN 网络拓扑上进行的。

- ❑ **朴素 QNN** 较宽而不是较深。每个网络包含 4 个阶段：3 个 QNN 块，每个阶段之后是一个最大池化层和 1 个全连接的分类阶段，见表 3-1。每个 QNN 块由两个参数定义：基本模块（A，B，C）的数量和层宽度 F。每个 QNN 序列都是 QNN 层的级联，然后是批归一化层和量化激活函数，如图 3-16a 所示。在这项工作中，F_{Block} 从 32 变为 512，n_{Block} 从 1 变为 3。分类阶段是一个全连接层和 softmax 层的序列。因此，堆叠的权重层总数为 $n_A + n_B + n_C + 1$，最大值为 10。
- ❑ **ResNet-QNN** 基于 ResNet 网络结构（He 等人，2016）。在许多图像识别任务中，ResNet 是具有深度而不是宽度的最新型网络。与朴素 QNN 相比，它们很难量化，因为它们具有累积前几层输出的快捷路径。每个网络都是

6n 层的堆栈，在大小为 {s，s/2，s/4} 的特征图中具有 3×3 卷积，每个特征图的大小为 2n 层，总共有 6n+2 个堆叠的加权层。滤波器的数量分别为 {16,32,64}，如原始 ResNet 论文中的 CIFAR-10 网络（He 等人，2016）和表 3-1 所示。剩余的网络结构使用基本的模块。所有 QNN 层都具有 int$Q$ 权重和 int$Q$ 输入，但是剩余路径以全精度运行。

表 3-1 所用的朴素 QNN 和 ResNet-QNN 的拓扑

块	朴素 QNN	ResNet-QNN
输入	—	$16 \times 3 \times 3$
块 A-32×32	$A \times F_A \times 3 \times 3$+MaxPool(2,2)	$2n \times 16 \times 3 \times 3$
块 B-16×16	$B \times F_B \times 3 \times 3$+MaxPool(2,2)	$2n \times 32 \times 3 \times 3$
块 C-8×8	$C \times F_C \times 3 \times 3$+MaxPool(2,2)	$2n \times 64 \times 3 \times 3$
输出	Dense-$4 \times 4 \times F_C$+softmax	GlobalPool+softmax

注：A, B, C, F_A, F_B, F_C, and n are taken as parameters. All used filters are 3×3。

为了可靠地比较等准确率下的不同 n、n_{Block}、F_{Block} 和 Q 的 QNN，首先要导出能耗 – 准确率空间中的帕累托前沿最优的浮点网络结构。这可以通过基于进化算法的网络结构优化来实现（Real 等人，2017），但是这里在参数空间上应用了一种暴力搜索方法。一旦找到了这个最优帕累托前沿方向就可以从头开始重新训练相同的网络拓扑，因为 QNN 的比特数是可变的。

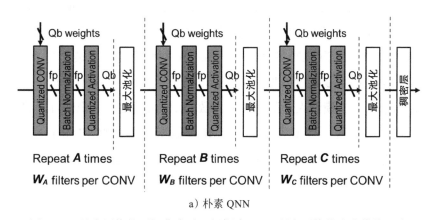

a）朴素 QNN

图 3-16 基准网络的可视化表示。根据表 3-1，所有网络均由小模块组成

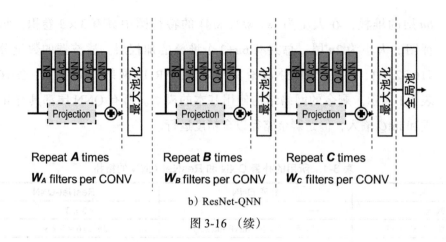

Repeat **A** times
W_A filters per CONV

Repeat **B** times
W_B filters per CONV

Repeat **C** times
W_C filters per CONV

b) ResNet-QNN

图 3-16 （续）

3.4.4　结果

为了寻找最小的能量网络，这里分析了帕累托前沿最优的 QNN 集。表 3-2 给出了最优网络列表。在此分析中，模型参数 M_W 和 M_A 有所不同，并且 $p=64$。基于 Moons 等人（2017c）的测量，可以得出 $E_{\text{MAC}} = 3.7\,\text{pJ} \times (16/Q)^{1.25}$。

模型大小和推理复杂度如图 3-17 所示。在这里，对于在 CIFAR-10 数据集上的帕累托前沿最优的朴素 QNN，将计算复杂度、模型大小和最大特征图大小作为错误率和 Q 的函数进行比较。图 3-17a 说明了当 Q 从 1 bit 到 16 bit 变化时，在等准确率下所需的计算复杂度是如何降低的，这是因为具有更高分辨率的网络在等准确率下需要更少且更小的神经元。int4 实现的错误率低于 9%，而浮点实现的错误率低至 8.5%。例如，在错误率为 12% 的情况下，float16 网络所需的复杂度为 80M 个 MAC 操作。等准确率的模型复杂度增加了 10 倍，达到了 800M 个 MAC 操作。另一方面，就绝对存储需求而言，模型大小随使用的位数的增加而增加。如图 3-17b 所示。在这里，int4 实现提供的最小模型大小仅为 2MB，错误率为 12%。BinaryNet 需要 50% 的更多的模型存储空间，而 float16 net 需要至少多 4 倍的存储空间。图 3-17c 显示了存储中间特征图所需的最大存储量，它是网络准确率的函数。如果该大小超过了可用的片上存储器，则需要进行 DRAM 访问。在这里，BinaryNet 提供了比 intQ 同类网络明显的优势，与 float16 实现相比提供了近 100 倍的优势。所有朴素 QNN 模型

在 Q 的所有值处都可以收敛，这与 Gysel（2016）的研究形成鲜明对比，后者对 int2 运算操作在 CIFAR-10 上的错误率增加到 80%。

表 3-2　CIFAR-10 上的帕累托最优拓扑

$A, F_A; B, F_B; C, F_C$	权重	MMACs	错误率[①]
1, 64; 1, 64; 1, 64	0.075456	13.565952	30.829327
1, 64; 1, 64; 1, 128	0.112320	15.925248	28.385417
1, 64; 1, 64; 3, 64	0.149184	18.284544	27.393830
1, 64; 1, 64; 1, 256	0.186048	20.643840	26.362179
1, 64; 2, 64; 1, 64	0.112320	23.003136	29.126603
1, 64; 2, 64; 1, 128	0.149184	25.362432	26.352163
1, 64; 2, 64; 1, 256	0.222912	30.081024	25.430689
1, 128; 2, 64; 3, 64	0.224640	38.928384	23.447516
1, 64; 3, 64; 2, 128	0.333504	44.236800	24.909856
1, 128; 3, 64; 2, 128	0.372096	55.443456	21.304087
2, 64; 1, 64; 3, 128	0.444096	72.548352	17.998798
2, 64; 2, 64; 3, 128	0.480960	81.985536	19.030449
1, 64; 2, 128; 3, 128	0.665280	86.704128	20.402644
2, 64; 3, 128; 3, 128	0.849600	162.201600	16.456330
3, 128; 2, 128; 3, 256	2.067840	475.398144	13.411458
2, 128; 3, 256; 3, 256	3.394944	645.267456	12.189503
3, 128; 3, 256; 3, 512	7.671168	1060.503552	10.840000
3, 256; 3, 256; 3, 256	4.725504	1781.268480	11.167869
3, 256; 3, 384; 3, 512	11.213568	2536.243200	10.757212

① BinaryNet 的错误率。

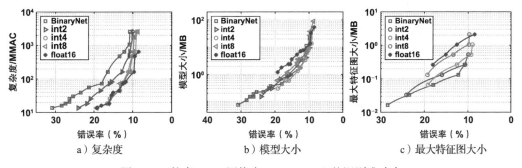

a）复杂度　　　　　　　　b）模型大小　　　　　　c）最大特征图大小

图 3-17　朴素 QNN 网络在 CIFAR-10 上的识别准确率

图 3-18 和图 3-19 说明了朴素 QNN 架构的**能耗和最小能耗点**。图 3-18 显示了对于具有一个典型的 4MB 片上存储器的芯片，在不同 int$Q$ 实现下错误率与能耗的折中。最佳 int$Q$ 模式随着所有基准测试集所需的精度而变化。在高错误率下，BinaryNet 往往是最佳的。对于中等和低错误率，在大多数情况下，int4 是最佳的。在图 3-18a 中 CIFAR-10 上的错误率为 13% 时，int4 的优势至少是 int8 的 6 倍，并且是 BinaryNet 的 2 倍。在 11% 错误率的情况下，BinaryNet 是最具能效比的，它比 int8 和 float16 的实现分别高 4 倍和 12 倍。错误率为 10% 的网络也是如此。但是，这些网络的能耗开销比错误率为 11% 的网络高 3 倍，这说明准确率提高引入了巨大的能耗成本。在运行于 4MB 芯片上的 int4 网络中，当错误率从 17% 变化到 13% 时，能耗增加了 3 倍。从 13% 到 10%，能耗则增加了 20 倍。因此，如果图像识别的流水结构可以忍受准确率度稍差的 QNN 架构，则可以节省几个数量级的能耗。图 3-19 比较了总片上存储器大小 $M_W + M_A$ 的影响。在图 3-20a 中，由于片上存储有限，BinaryNet 是所有准确率目标中的最低能耗解决方案，因为 DRAM 接口的成本占主导地位。在 4 MB 的典型情况下，取决于所需的错误率，BinaryNet、int2 或 int4 网络都是最佳的。在具有无限 MB 片上存储的系统中，无需进行片外 DRAM 访问，因此 int2 和 int4 是最佳的。在所有情况下，int4 的性能都比 int8 高 2 ～ 5 倍，而最小能耗点的能耗比 int8 实现少 1/10 ～ 1/2。

图 3-21 显示了典型 4MB 芯片在所有基准测试中 ResNet-QNN 的能耗与错误率的折中。ResNet-QNN 不会以 BinaryNet 和 int2 的形式收敛，但是可以以 int4 和 int8 的形式进行训练。对于 CIFAR-10，它们以对应的 int4 朴素 QNN 的能耗的一半实现了 10% 的误差。如果要在 CIFAR-10 上实现低至 7.5% 的错误率，则唯一的选择是基于 float16 的 ResNet-QNN 实现。同样，当 ResNet-QNN 在朴素 QNN 能耗的 60% 时，在 MNIST 上实现了 1% 的错误率。在 3% 的错误率下，int4 的 ResNet 的性能要比朴素的 QNN 高出 6 倍。在给定的错误率下，对于所有基准集，同等准确率下 int4 的 ResNet-QNN 的能效比同类网络高 5 ～ 6 倍。

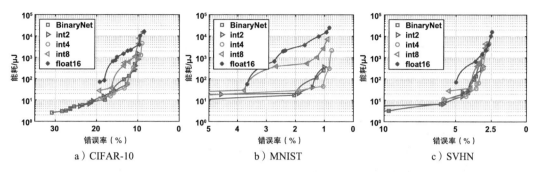

图 3-18　典型 4MB 芯片的能耗和错误率

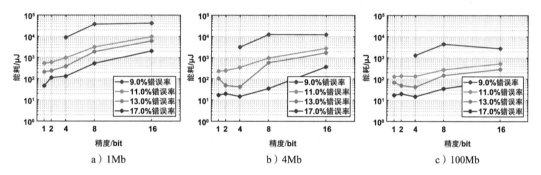

图 3-19　不同数量片上存储芯片模型的朴素 QNN 架构最小能耗点

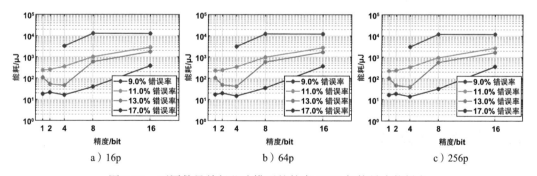

图 3-20　不同数量并行芯片模型的朴素 QNN 架构最小能耗点

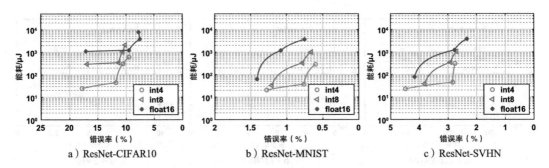

a）ResNet-CIFAR10　　　　b）ResNet-MNIST　　　　c）ResNet-SVHN

图 3-21　ResNet-QNN 的错误率与能耗的关系。在 $6n+2$ 层网络中，n 可以是 $\in [1,3,9,18]$

3.4.5　讨论

本节介绍了一种最小化嵌入式神经网络能耗的方法，是硬件算法协同优化方法的一个例子。更具体地说，这是通过引入 QNN 和用于网络拓扑选择的硬件能耗模型来实现的。为此，对于 int$Q$ 运算符，对于朴素的和基于 ResNet 的 CNN 结构，BinaryNet 训练方案都从 1bit 扩展到 Qbit。这种方法可以找到最小的能量拓扑并得出几种趋势。首先，根据所使用的位数，能耗在等准确率情况下变化了几个数量级。对于所有测试的基准集，等准确率下的最优最小能耗点在 1 ～ 4bit 变化，具体取决于可用的片上存储和所需的准确率。ResNet 比等准确率的朴素 QNN 能效更高，但不能融合为 BinaryNet 或 int2 网络。BinaryNet 的朴素 QNN 在具有严格的片上内存约束或目标准确率较低的系统中是最低能耗。通常，int4 网络的性能要比 int8 实现高出 2 ～ 6 倍。这表明，对于低功耗常开的应用和高性能计算的 float32/float16/int8 本地精度支持应该拓展到 int4，以实现最佳的最小能耗推理。

3.5　聚类神经网络

线性量化技术在硬件实现中具有简化算术单元的优势。但是对于这些网络，能耗 – 准确率的折中不一定是最佳的，因为线性量化还会降低网络的统计效率。在与 3.4 节相同的框架中还分析了两种非线性量化技术：用于深度压缩的聚类量化（Han 等人，2015b；Han 等人，2016b）。

在聚类量化中，通过对浮点网络的权重和激活值进行聚类来压缩浮点网络。在此过程中，一组权重或激活值被 k- 均值聚类为 n 个簇，从而只有几个不同的权重是可能的。每次出现通过一个有 $\log_2(n)$ bit 的小索引以指向一个小查找表中的真值来描述。在初始的聚类步骤之后，对这些聚类的值进行重新训练，以再次提高网络的准确率。然后，将实际值存储为高精度浮点数或定点数。在这种情况下，使用复杂的 16bit 算法执行计算，但是压缩了所有数据传输和存储的成本。$n = 16$ 是默认操作点，可以带来良好的效果。

图 3-22a 将聚类方法（·）与线性量化（×）进行了比较。在重新训练的聚类量化中，聚类值是数学上的最佳值，而不是任意线性的。这样可以保持较高的统计效率，这意味着较小的网络可以在基准上实现较高的准确率。这种方法的缺点是必须使用精确的数字表示，这导致比 QNN 情况更复杂的算术计算模块。

图 3-22b 显示了聚类神经网络的基本构建块。在这里，CONV 层的权重和输出激活都聚集成 n 个聚类。然后在整个网络中重复使用此块，如图 3-16 所示。作为测试案例，这里评估了这种经过重新训练的聚类网络在 CIFAR-10 上的性能。该分析清楚地表明，线性量化网络在低准确率（错误率为 17%）下更有效，其中模型可以完全存储在芯片上。与线性量化模型相比，聚类模型在高准确率（错误率为 9%）下的能效要高一个数量级（见图 3-23）。

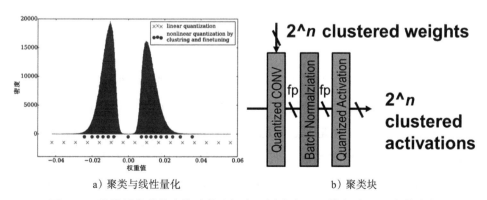

a）聚类与线性化　　　　　　　　　　　　b）聚类块

图 3-22　聚类量化的基本构建块和概念。图取自 Han 等人（2016b）的论文

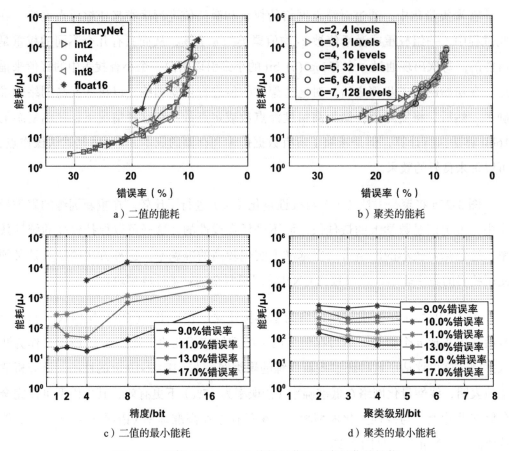

a）二值的能耗　　　　　　　　　　b）聚类的能耗

c）二值的最小能耗　　　　　　　　d）聚类的最小能耗

图 3-23　比较 CIFAR-10 上线性量化和聚类量化的性能

3.6　小结

本章既介绍了深度学习背景下各种当前主流的硬件 – 软件协同优化方法，也更深入地介绍了本书中开发的一种特定方法：通过利用其计算和硬件级别的容错性来获得更具能效比的网络。这是通过降低网络的内部计算精度来完成的。本书区分两种方法：测试时 FPNN 是对浮点预训练网络进行定点分析的结果，而训练时 QNN则是从零开始以定点形式进行训练。由于对 QNN 进行了低精度训练，因此在能效方面，它们优于 FPNN。结果表明，最佳 4 bit 量化神经网络通常在测试基准上是最佳的，效率比 8 bit 和 16 bit 实现高 3 ～ 10 倍。使用 Han 等人（2016b）首先讨论的方法，转移到非线性量化神经网络可以在高精度下实现比线性量化高出 10 倍的能效比。

定点表示所获得的能量增益是在第 4 章和第 5 章的理论和测试基础上利用一个高层次的能耗模型来估计的。特别是对于 QNN，该能耗模型用于找到最佳的硬件方案（网络量化）和最佳网络拓扑以实现最低能耗的解决方案。

参考文献

Albericio J, Judd P, Jerger N, Aamodt T, Hetherington T, Moshovos A (2016) Cnvlutin:ineffectual-neuron-free deep neural network computing. In: International Symposium on Computer Architecture (ISCA)

Andri R, Cavigelli L, Rossi D, Benini L (2016) Yodann: an ultra-low power convolutional neural network accelerator based on binary weights. In: IEEE computer society annual symposium on VLSI (ISVLSI), 2016. IEEE, pp 236–241

Andri R, Cavigelli L, Rossi D, Benini L (2017) Yodann: an architecture for ultra-low power binary-weight CNN acceleration. IEEE Trans Comput Aided Des Integr Circuits Syst 37:48–60

Annaratone M, Arnould E, Gross T, Kung HT, Lam M, Menzilcioglu O, Webb JA (1987) The warp computer: architecture, implementation, and performance. IEEE Trans Comput 100(12):1523–1538

Bankman D, Yang L, Moons B, Verhelst M, Murmann B (2018) An always-on 3.8 uj/classification 86accelerator with all memory on chip in 28 nm CMOS. In: International Solid-State Circuits Conference (ISSCC) technical digest

Bengio Y, Léonard N, Courville A (2013) Estimating or propagating gradients through stochastic neurons for conditional computation. arXiv preprint:13083432

Biswas A, Chandrakasan A (2018) Conv-ram: an energy-efficient SRAM with embedded convolution computation for low-power CNN-based machine learning applications. In: International Solid-State Circuits Conference (ISSCC)

Cecconi L (2017) Optimal tiling strategy for memory bandwidth reduction for CNNS. Ph.D. thesis

Chen T, Du Z, Sun N, Wang J, Wu C, Chen Y, Temam O (2014) Diannao: a small-footprint high-throughput accelerator for ubiquitous machine-learning. In: Proceedings of the 19th international conference on architectural support for programming languages and operating systems. ACM, New York, pp 269–284

Chen YH, Emer J, Sze V (2016a) Eyeriss: a spatial architecture for energy-efficient dataflow for convolutional neural networks. In: ACM/IEEE 43rd annual International Symposium on Computer Architecture (ISCA), 2016. IEEE, pp 367–379

Chen YH, Krishna T, Emer J, Sze V (2016b) Eyeriss: an energy-efficient reconfigurable accelerator for deep convolutional neural networks. In: International Solid-State Circuits Conference (ISSCC) digest of technical papers, pp 262–263

Conti F, Benini L (2015) A ultra-low-energy convolution engine for fast brain-inspired vision in multicore clusters. In: Proceedings of the 2015 design, automation & test in Europe conference & exhibition. EDA Consortium, San Jose, pp 683–688

Courbariaux M, Bengio Y (2016) Binarynet: training deep neural networks with weights and activations constrained to +1 or -1. CoRR abs/1602.02830

Courbariaux M, Bengio Y, David JP (2015) Binaryconnect: training deep neural networks with binary weights during propagations. In: Cortes C, Lawrence ND, Lee DD, Sugiyama M, Garnett R (eds) Advances in neural information processing systems, vol 28. Curran Associates, Inc., Red Hook, pp 3123–3131

Dundar G, Rose K (1995) The effects of quantization on multilayer neural networks. IEEE Trans Neural Netw 6(6):1446–1451

Farabet C, Martini B, Corda B, Akselrod P, Culurciello E, LeCun Y (2011) Neuflow: a runtime reconfigurable dataflow processor for vision. In: IEEE computer society conference on Computer Vision and Pattern Recognition Workshops (CVPRW), 2011. IEEE, pp 109–116

Fick L, Blaauw D, Sylvester D, Skrzyniarz S, Parikh M, Fick D (2017) Analog in-memory subthreshold deep neural network accelerator. In: IEEE Custom Integrated Circuits Conference (CICC), 2017. IEEE, pp 1–4

Goetschalckx K, Moons B, Wambacq P, Verhelst M (2018) Improved deep neural network compression by combining deep compression and singular value decomposition. In: International Joint Conference on Artificial Intelligence and the 23rd European Conference on Artificial Intelligence (IJCAI-ECAI)

Gonugondla SK, Kang M, Shanbhag N (2018) A 42pj/decision 3.12tops/w robust in-memory machine learning classifier with on-chip training. In: International Solid-State Circuits Conference (ISSCC)

Gysel P (2016) Ristretto: hardware-oriented approximation of convolutional neural networks. arXiv preprint:160506402

Gysel P, Motamedi M, Ghiasi S (2016) Hardware-oriented approximation of convolutional neural networks. Workshop contribution to International Conference on Learning Representations (ICLR)

Han S, Mao H, Dally WJ (2015a) Deep compression: compressing deep neural networks with pruning, trained quantization and Huffman coding. arXiv preprint:151000149

Han S, Pool J, Tran J, Dally W (2015b) Learning both weights and connections for efficient neural network. Proceedings of advances in neural information processing systems, pp 1135–1143

Han S, Liu X, Mao H, Pu J, Pedram A, Horowitz MA, Dally WJ (2016a) EIE: Efficient Inference Engine on compressed deep neural network. In: International Symposium on Computer Architecture (ISCA)

Han S, Mao H, Dally WJ (2016b) Deep compression: compressing deep neural network with pruning, trained quantization and Huffman coding. In: International Conference on Learning Representations (ICLR)

He K, Zhang X, Ren S, Sun J (2016) Deep residual learning for image recognition. In: Conference on Computer Vision and Pattern Recognition (CVPR)

Horowitz M (2014) Energy table for 45 nm process. Stanford VLSI wiki

Huang G, Chen D, Li T, Wu F, van der Maaten L, Weinberger KQ (2017) Multi-scale dense convolutional networks for efficient prediction. arXiv preprint arXiv:170309844

Hubara I, Courbariaux M, Soudry D, El-Yaniv R, Bengio Y (2016a) Binarized neural networks. In: Advances in Neural Information Processing Systems (NIPS)

Hubara I, Courbariaux M, Soudry D, El-Yaniv R, Bengio Y (2016b) Quantized neural networks: training neural networks with low precision weights and activations. arXiv preprint:160907061

Ioffe S, Szegedy C (2015) Batch normalization: accelerating deep network training by reducing internal covariate shift. arXiv preprint:150203167

Jia Y, Shelhamer E, Donahue J, Karayev S, Long J, Girshick R, Guadarrama S, Darrell T (2014) CAFFE: Convolutional Architecture for Fast Feature Embedding. arXiv:14085093 [cs]. http://arxiv.org/abs/1408.5093, arXiv: 1408.5093

Jiang M, Gielen G (2003) The effects of quantization on multi-layer feedforward neural networks. Int J Pattern Recognit Artif Intell 17(04):637–661. https://doi.org/10.1142/S0218001403002514. http://www.worldscientific.com/doi/abs/10.1142/S0218001403002514

Jouppi NP, Young C, Patil N, Patterson D, Agrawal G, Bajwa R, Bates S, Bhatia S, Boden N, Borchers A, et al (2017) In-datacenter performance analysis of a tensor processing unit. In: International Symposium on Computer Architecture (ISCA)

Kim D, Ahn J, Yoo S (2018) Zena: zero-aware neural network accelerator. IEEE Design & Test 35:39–46

Kingma D, Ba J (2014) Adam: a method for stochastic optimization. arXiv preprint:14126980

Krizhevsky A, Hinton G (2009) Learning multiple layers of features from tiny images. Technical report

Krizhevsky A, Sutskever I, Hinton GE (2012a) Imagenet classification with deep convolutional neural networks. In: Proceedings of advances in neural information processing systems, pp 1097–1105

Krizhevsky A, Sutskever I, Hinton GE (2012b) ImageNet Classification with deep convolutional neural networks. In: Pereira F, Burges CJC, Bottou L, Weinberger KQ (eds) Advances in neural information processing systems, vol 25. Curran Associates, Inc., Red Hook, pp 1097–1105. http://papers.nips.cc/paper/4824-imagenet-classification-with-deep-convolutional-neural-networks.pdf

Le Cun BB, Denker JS, Henderson D, Howard RE, Hubbard W, Jackel LD (1990) Handwritten digit recognition with a back-propagation network. In: Advances in neural information processing systems, Citeseer

Lee J, Kim C, Kang S, Shin D, Kim S, Yoo HY (2018) Unpu: A 50.6 tops/w unified deep neural network accelerator with 1b-to-16b fully-variable weight bit-precision. In: International Solid-State Circuits Conference (ISSCC)

Lin Y, Zhang S, Shanbhag NR (2016) Variation-tolerant architectures for convolutional neural networks in the near threshold voltage regime. In: IEEE international workshop on Signal Processing Systems (SiPS), 2016. IEEE, pp 17–22

Moons B, Verhelst M (2015) DVAS: Dynamic Voltage Accuracy Scaling for increased energy-efficiency in approximate computing. In: International Symposium on Low Power Electronics and Design (ISLPED). https://doi.org/10.1109/ISLPED.2015.7273520

Moons B, Verhelst M (2016) A 0.3-2.6 tops/w precision-scalable processor for real-time large-scale convnets. In: Proceedings of the IEEE symposium on VLSI circuits, pp 178–179

Moons B, De Brabandere B, Van Gool L, Verhelst M (2016) Energy-efficient convnets through approximate computing. In: Proceedings of the IEEE Winter Conference on Applications of Computer Vision (WACV), pp 1–8

Moons B, Goetschalckx K, Van Berckelaer N, Verhelst M (2017a) Minimum energy quantized neural networks. In: Asilomar conference on signals, systems and computers

Moons B, Uytterhoeven R, Dehaene W, Verhelst M (2017b) DVAFS: Trading computational accuracy for energy through dynamic-voltage-accuracy-frequency-scaling. In: 2017 Design, Automation & Test in Europe conference & exhibition (DATE). IEEE, pp 488–493

Moons B, Uytterhoeven R, Dehaene W, Verhelst M (2017c) Envision: a 0.26-to-10 tops/w subword-parallel dynamic-voltage-accuracy-frequency-scalable convolutional neural network processor in 28 nm FDSOI. In: International Solid-State Circuits Conference (ISSCC)

Moons B, et al (2017d) Bertmoons github page. http://github.com/BertMoons. Accessed: 01 Jan 2018

Peemen M, Setio AA, Mesman B, Corporaal H (2013) Memory-centric accelerator design for convolutional neural networks. In: 2013 IEEE 31st International Conference on Computer Design (ICCD). IEEE, pp 13–19

Rastegari M, Ordonez V, Redmon J, Farhadi A (2016) XNOR-net: Imagenet classification using binary convolutional neural networks. In: European conference on computer vision. Springer, Berlin, pp 525–542

Real E, Moore S, Selle A, Saxena S, Suematsu YL, Le Q, Kurakin A (2017) Large-scale evolution of image classifiers. arXiv preprint:170301041

Shafiee A, Nag A, Muralimanohar N, Balasubramonian R, Strachan JP, Hu M, Williams RS, Srikumar V (2016) Isaac: a convolutional neural network accelerator with in-situ analog arithmetic in crossbars. In: Proceedings of the 43rd international symposium on computer architecture. IEEE Press, pp 14–26

Shin D, Lee J, Lee J, Yoo HJ (2017) 14.2 dnpu: an 8.1 tops/w reconfigurable CNN-RNN processor for general-purpose deep neural networks. In: IEEE International Solid-State Circuits Conference (ISSCC), 2017. IEEE, pp 240–241

Sze V, Yang TJ, Chen YH (2017) Designing energy-efficient convolutional neural networks using energy-aware pruning. In: Computer Vision and Pattern Recognition (CVPR)

Whatmough PN, Lee SK, Lee H, Rama S, Brooks D, Wei GY (2017) 14.3 a 28 nm soc with a 1.2 ghz 568 nj/prediction sparse deep-neural-network engine with >0.1 timing error rate tolerance for IOT applications. In: IEEE International Solid-State Circuits Conference (ISSCC), 2017. IEEE, pp 242–243

Xue J, Li J, Gong Y (2013) Restructuring of deep neural network acoustic models with singular value decomposition. In: Interspeech, pp 2365–2369

Yang L, Bankman D, Moons B, Verhelst M, Murmann B (2018) Bit error tolerance of a CIFAR-10 binarized convolutional neural network processor. In: IEEE International Symposium on Circuits and Systems (ISCAS)

Yin S, et al (2017) Minimizing area and energy of deep learning hardware design using collective low precision and structured compression. In: Asilomar conference on signals, systems and computers

Zhou S, Wu Y, Ni Z, Zhou X, Wen H, Zou Y (2016) Dorefa-net: training low bitwidth convolutional neural networks with low bitwidth gradients. arXiv preprint:160606160

Zhu C, Han S, Mao H, Dally WJ (2016) Trained ternary quantization. arXiv preprint:161201064

第 **4** 章

近似计算的电路技术

4.1 近似计算范式简介

尽管半导体技术、处理器架构和低功耗设计技术取得了显著进步,全球计算系统的总能耗仍在迅速增加(Andrae,2017)。社交媒体、增强现实和虚拟现实、物联网、分类识别任务和数据挖掘等应用场景的不断增长也导致对于计算和存储需求的大幅增长。这种趋势不仅可见于移动嵌入式设备中(处理传感器数据并执行数据挖掘和信号处理与识别),在大型数据中心(处理科学计算、社交媒体和财务分析等)中也十分明显。其中,许多应用都是由第 1 章讨论的各种神经网络驱动的。

计算需求的增加可能带来很高的经济成本。移动设备的设计存在机会成本,这是由于效率低下的电子设备无法实现 AI(人工智能)和 VR(虚拟现实)等新颖的应用。目前,资源受限使得在移动终端部署多个物联网和分类识别应用成为不现实的事情,因为这些电池受限的设备无法满足这些应用的计算需求。而在数据中心中,能效低下会导致高昂的经济成本,因为很显然,能耗随着计算需求的增加而显著提升。仅以美国的数据中心为例,仅电力消耗一项就从 2013 年的 910 亿 kWh 增加到 2020 年的 1400 亿 kWh(Whitney 和 Delforge,2014)。工业界过去为这一挑战提供了解决方案——半导体技术发展同定制的并行计算架构相结合(神经网络背景下的策略 A,请参阅第 3 章)——到今天已经不足以解决问题。幸运的是,上面列出的许多应用都基于神经网络算法,这些神经网络显示出很高的容错能力(如第 3 章所介绍)。

在图像或语音识别中，模拟信号被转换为最接近的图像或语句。由于这种翻译基于一系列估算值，因此小的偏差基本不会影响用户的满意度。通常，带有噪声的计算并不一定会使得网络的准确率降低。另一个例子是，在多媒体中，人类有限的感知能力会很容易忽略处理过程中的细微偏差。还有一个例子是搜索查询，在这一应用中，重要的是快速取得较好的结果，而不是经过一段很长的延时取得最好的结果。

近似计算范式通过利用上述容错特性，在计算过程中故意引入可接受的错误，以换取能效的显著提高。它可以应用在大多数现有技术之上，以在应用设计层次结构的多个级别（从软件到硬件级别）上实现能耗最小化。

第3章给出了一系列CNN的容错操作示例。图3-10说明，测试时FPNN中的最佳位数，其变化显著取决于应用、使用的网络，甚至单个CNN中的层。图3-18显示了训练时QNN的情况。基于以上信息，最佳的神经网络加速器应能够根据当前网络或应用的需求动态更改其使用的位数。近似计算技术可以相应地最大程度地降低系统的能耗。

图4-1给出了另一个更通用的例子，用于说明近似计算方法更广泛的适用性。图4-1显示了低精度JPEG压缩对图像质量的影响。以4bit操作时，人眼几乎看不到低精度JPEG压缩对图像的影响，但它的操作数比8bit理想基准少了2/3。这显示了应用的容错能力以及通过允许计算单元中的（量化）错误来节省能源的潜力。在以2bit操作时，图像质量比默认8bit基准严重降低，但同时也能将能耗降低1/5，在某些应用中，如果可以充分延长电池寿命，2bit操作仍然可以接受。这个例子表明，在近似计算中，可重构性和适应性至关重要。近似计算中任何技术的输出质量都应该是**动态可调**的，以便在应用允许的情况下降低准确率。

> **纵观全局**
> - 第1章讨论了深度神经网络，它是容错算法的绝佳示例，因而近似计算可以被用于处理神经网络问题。
> - 第2章讨论了层次级联系统。系统前面的层级一般用于处理十分简单的问题，

例如人脸检测或者语音检测。这些层级对于计算精度更不敏感，因此可以以低精度进行处理。更为复杂的任务对计算精度的偏差的容忍度更差，因此需要更高的处理精度。现代近似计算技术需要支持这种精度的"动态范围"。

- 第 3 章展示了神经网络的拓扑可以使用近似计算技术来进行处理，如精度调节。第 3 章介绍了定点操作对于系统级准确率和能耗的影响。

a) 2bit：相对能耗为 17%

b) 4bit：相对能耗为 31%

c) 6bit：相对能耗为 81%

d) 8bit：相对能耗为 120%

图 4-1　对一张压缩的 JPEG 狒狒图像进行理想解压缩，在压缩过程中 DCT 算法以不同的精度执行。在 2bit 和 8bit 操作情况下，乘累加单元的相对能耗差别有 5 倍之多，可以根据用户需求和电池寿命选择精度模式

本章首先在 4.2 节基于 Mittal（2016）、Xu（2016）、Han 和 Orshansky（2013）等人的观点，详尽地概述了各个层面的不同近似计算技术。4.3 节～4.5 节将重点介绍对这一领域的贡献：动态电压精度频率调节（Moons 和 Verhelst，2015，2016；Moons 等人，2017b,a），这是一种对于架构设计具有重要意义的电路技术，它展现了这一领域中应用最广的能耗 – 准确率折中方案。

4.2   近似计算技术

尽管近似计算技术主要体现在电路层而不是架构层或软件层，但实际上它可以应用于嵌入式系统设计的任何一个层次。图 4-2 和 4.2.2 节～ 4.2.4 节中给出了在各层次上主要应用的近似计算技术概述。

近似计算电路	静态非精确算术	[Liu14],[Kya11],[Kul11][Cam16], SALSA [Ven12] ASLAN[Ran14]
	电压过调节	ANT [Heg99], RAZOR [Ern03]
	动态精度调节	[Ven13], DVAFS [Moo17], [GS14] , [GS12], [Lee18]
近似计算软件	应用层	Loop perforation [Sid11]
	编程语言	Eon [Sor07], Enerj [Sam11], Rely [Car13]
	近似编译器	[Sam15]

动态质量预测	动态质量管理
错误注入 [Chip13], 固定点分析 [Moo16b]	SAGE [Sam13], GREEN [Bae10]

图 4-2   不同近似计算方法概述

4.2.1   容错分析与质量管理

即使在诸如神经网络加速之类的容错应用中，也仍然存在对错误十分敏感的核心部分。如果在这些地方降低计算精度，可能会导致应用发生灾难性故障。因此，在可行的情况下，能够正式标识和注释应用的各个部分非常重要。这种容错分析既可以在设计时离线确定，也可以通过动态质量管理进行连续监控。

❑ **容错分析**一般指由应用决定的离线测试阶段。该阶段会针对特定应用验证采用各种计算近似值的影响。一种典型的方法是在应用的各个部分中主动注错，并评估一系列代表性工作的输出性能（Chippa 等人，2013）。在应用的某些部分，例如控制流，显然会被判定为对错误敏感，而很多其他部分，例如选代法或神经网络，很容易被判定为对错误不敏感。本质上，这种方法在时域中是静态的，但在"空间"或算法域中却各有不同。Moons 等人（2016）以及第 3 章给出了这种分析的一个典型例子，即对 CNN 的定点精度进行分析。目前，尚无针对此问题的统一自动化方法。

❑ **质量管理**是一种定期评估中间计算质量的方法，由此确定某些内核是否可以使用近似内核。SAGE（Samadi 等人，2013）和 GREEN（Baek 和 Chilimbi，2010）将每几次运行的输出质量与基准的黄金结果进行比较，基于此为之后的计算选择近似模式。ANT（Hegde 和 Shanbhag，1999）是质量管理的另一个例子，它使用一个独立的无错误单元来跟踪和纠正偏差。

4.2.2　近似电路

在电路层上，已经有很多技术被用于近似计算，这些技术可以被总结为以下 3 类：

❑ **非精确算术电路**是近似计算研究中最热门的领域。它在电路层次上简化了加法器和乘法器等算术基础模块，简化后的算术模块在某些情况下并不精确，但却更小、更快、更节能。这种近似通常是通过在电路级简化全加器来实现的，等效于在函数级更改全加器真值表中的一些条目。最近，这些电路已经实现了更大的原型（Camus 等人，2016；Moons 等人，2017b）。Han 和 Orshansky（2013）、Jiang 等人（2015）对现有的加法器技术作了很好的概述。除定制的手工设计技术，人们也实现了在给定准确率限制情况下近似计算电路的综合工具。SALSA（Venkataramani 等人，2012）和 ASLAN（Ranjan 等人，2014）这两个例子分别可以综合组合近似电路和时序近似电路。这些技术有两个主要缺点。首先，它们考虑的能耗 – 准确率折中是**静态**的，只能在设计时进行更改。一旦设计完成，其准确率和能耗都不能再发生变化。由于许多近似计算应用和架构需要能耗和准确率的动态调节，因此这种非精确计算电路不能提供通用的解决方案。其次，这些电路提供的能耗 – 准确率折中的动态范围受到限制，并且通常效果不如下面要讨论的精度调节技术。例如，在数字多路选择器中，限定 RMS 误差为 1% 时，Moons 等人（2017a）的精度调节技术比 Kyaw 等人（2011）的工作性能高出 5 倍。

❑ **电压过调节（VOS）技术**本质上指的是令电路以对于工作电压而言过高的频率工作。这样做就消除了数字设计中通常存在的所有保护和余量，因此可能导致计算中的时序误差。由于数字电路的功耗正比于电源电压的二次方，因此该技术具有显著提升能量增益的潜力。此外，系统中的电压或频率是很容易调节的，从而 VOS 可以实现动态的能耗 – 准确率折中。由于 VOS 产生的误差可能是灾难性的，而且难以预测，因此它一般与诸如算法噪声容错（ANT）（Hegde 和 Shanbhag，1999）之类的架构级技术相结合。Ernstet 等人（2003）、de la Guia Solaz 和 Conway（2014）的论文中介绍的 RAZOR 方案是更近期的工作，它们可以应用于更一般的情况，例如在微控制器中。但是这些技术最终有意在电路中引入错误，因此只能视为近似计算。在 RAZOR 中，所有的错误通常都会被纠正。

❑ **精度调节技术**是目前应用最广泛、最强大、最容易实现的近似计算技术。在精度调节技术中，计算操作的位宽可以根据应用的需求在运行时自适应调节。一些技术已经在特定情况中有所应用（Park 等人，2010）：DSP 向量处理器（Venkataramani 等人，2013；de la Guia Solaz 等人，2012）和 RAZOR（de la Guia Solaz 和 Conway，2014）。在本书中，通过结合电压（Moons 和 Verhelst，2015）和频率（Moons 等人，2017a）调节扩展了这一概念。本章后面主要介绍的就是这些技术，它们也应用在第 5 章和第 6 章介绍的芯片原型中。

4.2.3 近似架构

设计近似计算系统还需要使计算系统的架构适应上方的软件层和下方构建架构的电路层。因此在处理器层次和 SoC 架构层次上都需要进行特殊设计。

❑ **处理器架构**可以针对粗粒度或者细粒度的近似计算进行优化。在细粒度的近似计算中，特定的指令集架构（ISA）允许编译器传达什么操作可以或不可以被近似。对于特定任务，编译器可以决定是将它们映射在精确计算还是近似计算的硬件上。在粗粒度的近似计算中，特定的代码段会加载到专门的近似计算加速器或者流水线之外的计算核上。第一种方法（Sampsonet 等人，

2011）的潜力在冯·诺依曼处理器架构中非常有限，因为此时大部分能量都
消耗在控制信号、数据传输和时钟分配上。正如容错识别过程，这些主要功
能模块都无法从近似计算中获益。

❑ 一些近似计算的电路技术需要在 **SoC 架构层次**进行改变。尤其是使用了本地
电压调节技术时，例如 Venkataramani 等人（2013）的研究、DVAFS（Moons
等人，2017a）（见 4.3 节）。SoC 需要在特定的电压域内组织，这会大大影响
SoC 系统的版图，并对调频器和调压器引入额外的约束。

❑ 在算法噪声容错（Hegde 和 Shanbhag，1999，2001）中，一个确保无误的备
份电路被放到主要的计算模块边上，作为纠错模块。

❑ 第 6 章所介绍的芯片使用的架构就采用了 DVAFS 精度调节概念，这一技术
将会在 4.3 节中介绍。在这一芯片中，并不对每个低精度算术基础模块使
用电压或频率调节，相反，它同时支持图像识别 CNN 的子网并行操作与电
压频率调节。因此这是体现为近似计算思想量身定制系统架构的一个重要
例子。

4.2.4 近似软件

在软件层，也有很多研究力求实现近似计算。

❑ 近似计算可以通过诸如迭代循环空孔等技术（Sidiroglou-Douskos 等人，2011）
在**应用层**实现。

❑ 在**编程语言和编译器**上也有很多相关工作。编程语言，例如 Eon（Sorber 等
人，2007）、EnerJ（Sampson 等人，2011）和 Rely（Carbin 等人，2013），将
近似计算通过语法加入到编程语言中。在 Sampson 等人（2011）和 Sorber
等人（2007）的设计中，编程者需要知道哪些部分是可以容忍近似的，而在
Carbin 等人（2013）的设计中，编译器自动得出误差如何影响算法性能。这
样，编译器就可以自动决定将哪一部分算法放到近似计算硬件上或者哪些操
作是可以近似的（Misailovic 等人，2014）。这些技术通常支持近似计算电路，
大多数的好处也期望在这一抽象层上获得。

4.2.5 讨论

在本章上面所讨论的不同的技术都以某种形式在本书的工作中得到了应用，例如容错识别在 3.3 节中的先进定点分析以及 4.3.2 节中的一些内容中得到了应用。第 5 章重点关注的是利用近似计算电路（见 4.3 节）进行近似计算硬件架构的设计和实现。所有这些近似计算技术都是本章其余内容的要点。

4.3 DVAFS：动态电压精度频率调节

在恒定吞吐量下，一种高效地**动态**调节电路（如数字乘法器）功耗的方法是通过运行时截断或舍入数值的位宽来实现的。由于对电路输入引入更大的量化误差，这种方法会相应地引起输出的误差，并降低计算精度，但同时也降低了电路的内部翻转率，从而减少了能耗。这一效应使得其被定义为一种近似计算方法。

4.3.1 DVAFS 基础

1. DVAFS 的能耗 – 准确率折中简介

图 4-3 显示了精度调节对 16bit 乘法器性能的影响。图 4-3a 显示了最大误差和 RMS 误差与位宽的关系。相比于理想结果，一个 5bit 精度的乘法器可以达到 1.8% 的相对 RMS 误差。平均而言，引入的误差较小，但是最大误差是确定性的，且由量化精度所决定。图 4-3b 显示了同一个乘法器在不同运行模式下的能耗。在 1.8% 的相对 RMS 误差水平下，它的能耗可以达到默认的 16bit 模式下的 1/20。在一些工作中（Liu 等人，2014；Kulkarni 等人，2011），产生误差的概率比 DVAFS 小很多，但误差幅度无法预测，而且可能达到相当大的程度，这与本书的工作形成鲜明的对比。

本节进一步讨论了 DVAFS 方法（Moons 等人，2017a），它是从 DVAS（动态电压精度调节）方法（Moons 和 Verhelst，2015）和 DAS(动态精度调节)方法衍生来的。这些方法是折中计算精度和系统级别能耗增益的最高效方法，也是作者的主要贡献。

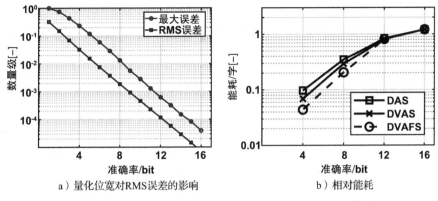

a）量化位宽对RMS误差的影响　　　　　b）相对能耗

图 4-3　一个 16bit 乘法器在精度调整下的能耗 – 准确率图

2. DVAFS 中的精度调节

图 4-3 所示 3 种不同的运行模式，即 DAS、DVAS、DVAFS 背后的概念在图 4-4 中的数字加法器和图 4-5 中的数字乘法器中被进一步阐释。

❑ 在 DAS（见图 4-4a 和图 4-5a）中，当精度被调节时，n 个最高有效位被使用，其余低有效位被置零。除了输入的量化精度，没有其他额外参数，因此**翻转率**可以被控制。

❑ 在 DVAS 中，同样只用到最高的 n 位。然而，由于降低了精度，关键路径变短，增加的松弛时间可以用来补偿通过降低电压、维持频率不变而减少的保护时间，即在 DVAS 中，输入精度（与**翻转率**相关）和**电源电压**都可以调节。这一点进一步在图 4-6 中一个简化的通用精度可调基本模块给出了说明。与高精度的全关键路径模式（见图 4-6a）相比，只有一部分基本模块被调整为低精度模式（见图 4-6b）。此时在同样的电压下，乘法器的关键路径也从 $a+b$ 变成了 b，因此这多出来的松弛时间就可以用来补偿更低的电压 V_1（见图 4-6c）。

❑ 在 DVAFS 中，当所需的精度低于 n_{max} 时，各基本模块会采用亚字级并行的方法，它可以带来吞吐量的提升，或者在维持吞吐量不变的情况下大量能耗节省。这里每个字所消耗的能量因为**翻转率**和**电压、频率**的共同调节而显著降低。

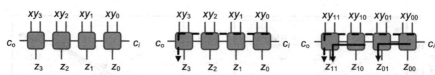

a）DAS。当两个最高有效位被使用时，其他输入被截断。在图中只有深色方块会翻转，从而减少翻转率

b）DVAS。当两个最高有效位被使用时，翻转率减少，关键路径缩短

c）DVAFS。当两个最高有效位被使用时，冗余逻辑电路被复用以实现多路并行。此时翻转率减少，关键路径缩短。如果吞吐量不变，电路的操作频率可以相应地降低

图 4-4　一个 4bit 加法器不同形式的精度调节

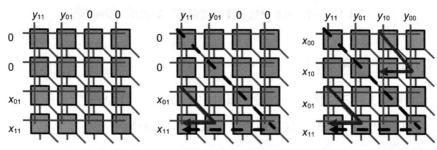

a）DAS。当两个最高有效位被使用时，其他输入被截断。在图中只有深色方块会翻转，从而减少翻转率

b）DVAS。当两个最高有效位被使用时，翻转率减少，关键路径缩短

c）DVAFS。当两个最高有效位被使用时，冗余逻辑电路被复用以实现多路并行。此时翻转率减少，关键路径缩短。如果吞吐量不变，电路的操作频率可以相应地降低

图 4-5　一个 4bit 简易保留进位乘法器

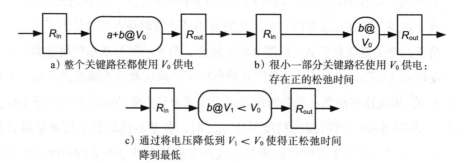

a）整个关键路径都使用 V_0 供电

b）很小一部分关键路径使用 V_0 供电：存在正的松弛时间

c）通过将电压降低到 $V_1 < V_0$ 使得正松弛时间降到最低

图 4-6　DVAS 方法：a）在电压 V_0 下，a 和 b 两部分构成的组合逻辑的松弛时间为 0；b）由于字长减小，翻转率下降，导致在 V_0 下的关键路径更短；c）增加的松弛时间允许电源电压 $V_1 < V_0$

这个对于 3 种技术的简单讨论十分直观地说明了精度降低如何能够在电路模块层面上带来能耗降低。这些技术的能耗收益会在 4.3.3 节进行详细介绍，并在 4.4 节和第 5 章给出量化结果。

4.3.2　DVAFS 的容错识别

任何数字系统都可以被分成数个不同容错级别的模块，从而减少精确运算的数量。不仅一个系统可以有不同容错级别的模块，每个模块也可以支持各种不同类型的精度调节。

子模块同样可以是**精度可调节**（accuracy-scalable，as）的或者**精度不可调节**（non-accuracy-scalable，nas）的。一个 as 模块需要满足：①可以在不改变模块功能的情况下调节输入精度；②当输入精度下降时该模块的能耗降低。当不满足以上两点时，该模块就是精度不可调节的。在后面，所有 as 模块都被进一步细分为**电压精度可调节**（vas）和**非电压精度可调节**（nvas）模块。这几类模块的总结和例子都在图 4-7 中给出。

精度不可调节 模块（nas）	精度可调节模块（as）	
	非电压精度 可调节（nvas）	电压精度 可调节（vas）
所有的控制模块	**一些算术模块、数据 转换器和存储器**	**一些算术模块**
· 指令读取 · 指令解码 · 控制逻辑 · 指令存储器	· 多路选择器 · AND, OR, ... · 数据存储器 · 并行驱动器	· 并行算术模块 · 乘法器 · 加法器

图 4-7　DVAFS 中不同类别的数字模块

图 4-7 给出了几个 as 模块的例子，它们都在如今的数字电路设计中广泛使用：

1）基本算术模块，如加法器和乘法器是 vas 的。

2）逻辑模块，如多路选择器、缓存和驱动器是 nvas 的。

3）时序模块，如寄存器和存储器是 nvas 的。

所有这些模块以线性（时序模块、逻辑模块、加法器）、超线性或者二次方关系（一些乘法器）来调节翻转率，这都是根据具体模块的实现决定的。

如今的数字系统中也有一些其他的模块是 nas 的：

1）控制逻辑，如指令解码器。

2）控制存储器，如指令 SRAM。

一般来说，所有不对系统数据进行操作的控制逻辑都不能通过调节精度的方式来改变其翻转率。

as 和 nas 模块的区别是关键的，因为不是每个数字系统都能从 DVAFS 技术中获益。只有当全局功耗的大部分是由 as 模块消耗时，DVAFS 才能带来较高的系统级收益。所以，只有大规模、高能耗的信号处理系统，例如 DSP（数字信号处理器）或者高并发、低控制代价的计算单元才适合于应用这种技术。通用 CPU 或者微处理器基本上不能通过 DAS 技术或者其他近似计算技术进行优化，因为一般而言，对这些系统来说只有 1% 的能耗在精度可调的运算模块上（Horowitz，2014）。

4.3.3 DVAFS 的能量增益

1. DAS

一个使用 DAS 进行单个乘法器优化的例子在图 4-8b 和图 4-5a 中给出。如果忽略漏电能耗，整个 DAS 系统的功率，即 P_{DAS} 被分成了 as 部分和 nas 部分，前者的翻转率可以通过调节精度来控制，而后者不可以：

$$P_{DAS} = \frac{\alpha_{as}}{k_0} C_{as} f V^2 + \alpha_{nas} C_{nas} f V^2 \qquad (4\text{-}1)$$

式中，α 是电路的翻转率；f 是时钟频率；C 是工艺相关的翻转电容；V 是电源电压；k_0 是一个与精度、电路和架构相关的比例因数。

2. DVAS

DVAS 是 DAS 的一个简单扩展，考虑到了能耗 – 准确率的折中关系。一个简单的应用 DVAS 优化的乘法器在图 4-5b 和图 4-8b 中给出。因为 DVAS 的作用，精度下降使其模块的关键路径长度降低，获得的松弛时间可以用来补偿低电压带来的影响（4.3.1 节给出了说明）。

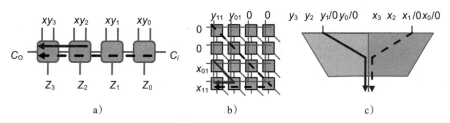

图 4-8 a）加法器是线性 vas、b）乘法器是超线性或二次方 vas 和 c）多路选择器是线性 nvas

在 DVAS 中，以下效应的组合：①降低翻转率以及②更短的关键路径，允许更低的电源电压——对系统的动态功耗产生较大影响。动态功耗 P_{DVAS} 被分为 vas、nvas 和 nas 部分，由下式给出：

$$P_{\text{DVAS}} = \frac{\alpha_{\text{nvas}}}{k_1} C_{\text{nvas}} f\left(V_{\text{nvas}}^{\;2}\right) + \frac{\alpha_{\text{vas}}}{k_2} C_{\text{vas}} f\left(\frac{V_{\text{vas}}}{k_3}\right)^2 + \alpha_{\text{nas}} C_{\text{nas}} f V_{\text{nas}}^2 \qquad (4\text{-}2)$$

这一技术与广泛使用的很多技术十分类似，例如按簇电压调节（CVS）(Usami 和 Horowitz，1995)。在 CVS 中，具有较长松弛时间的模块会比松弛时间较短的模块在更低的电压下工作。

3. DVAFS

亚字级并行 DVAFS（Moos 等人，2017a,b）对 DVAS 进行了进一步的优化，它以较低的精度复用了不活跃的计算单元。图 4-5c 展示了一个 1 ～ 4bit 的亚字复用乘法器，如果精度降低到 2bit 或更低，它就可以在每周期同时处理两个亚字操作。一般来说，更高精度的基准，例如 16bit 模块会设计为可重构，以支持 2 个 8bit 或 4 个 4bit 的并行计算。

如果计算吞吐量保持不变，则这一技术可以降低整个系统的频率，并且它的电压可以明显低于 DVAS 值。因此，DVAFS 是第一个可以同时降低所有运行时影响功耗的相关参数，包括翻转率、频率和电压的近似计算技术。相比之下 DVAS 只能降低 as 算术模块的能耗，DVAFS 可以降低包括控制单元和存储器在内的全系统的频率和电压，因此甚至可以在低精度时显著降低 nas 模块的能耗（见 4.4.2 节）。

以下 3 个效应的组合——①翻转率降低；②较短的关键路径允许更低的电源电压；③亚字级并行操作允许在恒定吞吐量时较低的频率——会显著影响系统的功耗。在恒定吞吐量时，一个 DVAFS 系统的总动态功耗 P_{DVAFS} 由下式给出：

$$P_{\text{DVAFS}} = \frac{\alpha_{\text{nvas}}}{k_5} C_{\text{nvas}} \frac{f}{N} (V_{\text{nvas}})^2 + \frac{\alpha_{\text{vas}}}{k_6} C_{\text{vas}} \frac{f}{N} \left(\frac{V_{\text{vas}}}{k_7}\right)^2 + \alpha_{\text{nas}} C_{\text{nas}} \left(\frac{f}{N}\right) \left(\frac{V_{\text{nas}}}{k_8}\right)^2 \quad (4\text{-}3)$$

式中，N 是亚字级的并行度。

DVAFS 相比于 DVAS 的优点体现在额外的电压调节能力，以及它控制精度不可调节模块（例如控制器和存储器）的能力上。这一点可以从下面的一阶适配公式看出：

$$P_{\text{DVAFS}} = \frac{N\alpha'_{\text{nvas}}}{k_{11}} C_{\text{nvas}} \frac{f}{N} (V_{\text{nvas}})^2 + \frac{N\alpha'_{\text{vas}}}{k_{10}} C_{\text{vas}} \left(\frac{f}{N}\right) \left(\frac{V_{\text{vas}}}{k_7}\right)^2 + \alpha_{\text{nas}} C_{\text{nas}} \left(\frac{f}{N}\right) \left(\frac{V_{\text{nas}}}{k_8}\right)^2 \quad (4\text{-}4)$$

式中，α'_{nvas} 和 α'_{vas} 是每个单字的翻转率。

作为一种一阶分析，DVAFS 相比于 DAVS，除了可能的更强的电压调节能力，vas 和 as 模块并没有太大增益。而 DVAFS 主要的改进体现在 nas 模块上。所有控制信号的频率都降低至 $1/N$，而电压降低至 $1/k_5$。这一点在含有大量 nas 模块的系统，例如 CPU 或者较小数据通路的 DSP 中尤为重要。在 DVAS 中，能耗的大部分是由 vas 和 as 模块消耗的，然而这并不总是可能的。如果大部分能耗是由 nas 模块消耗的，那么 DVAS 只能获得很少的好处。这一点在 4.4.2 节中有更详细的讨论。

DVAFS 是亚字级并行处理器和 DVFS 概念的分支（Usami 和 Horowitz，1995）。DVFS 技术探讨了低功耗设计中，功耗与电压的二次方关系。这是一项系统级的技术，电源电压会随着系统时钟要求动态提升或降低。例如，一般的处理器可以在所需的吞吐量降低时降低频率 f，以适应较低的负载，这样所有关键路径上的松弛时间都会增加，而不是引起时序错误，因此电源电压也可相应降低。这样就可以通过降低频率（线性）和降低电压（二次方）的方式大幅降低功耗。但是，在 DVAFS 中，电压和频率的调节与精度相关，而不是与吞吐量要求相关，因此它更适合于近似计算的框架。

4.4 DVAFS 的性能分析

4.4.1 模块级的 DVAFS

为了展现 D(V)A(F)S 技术的性能，这里分析了一个使用 DVAFS 的经典 Booth 编码、Wallace 树乘法器的性能和能耗 – 准确率折中曲线。4.5.1 节将给出它的实现细节。它的性能是通过 40nm 低功耗低阈值电压工艺及 1.1V 标称电源电压条件下的仿真得到的。乘法器通过标准数字电路设计流程和商用单元库综合而成，使用了多模式优化，确保在降低精度时，关键路径减少。本书在综合和功耗估计时使用了保守的布线模型。在仿真中，乘法器的吞吐量保持为常数 $T = 1$ 字 / 周期 ×500MHz = 2 字 / 周期 ×250MHz = 4 字 / 周期 ×125MHz = 500MOPS，在图 4-9a 中给出了实验的配置。

图 4-9b 展示了在不同精度下 D(V)A(F)S 技术对松弛时间的影响。在没有电压调节时，如果使用 4bit 精度的 D(V)AS，松弛时间为 1ns；而如果使用 4 路并行的 4bitD(V)AFS，松弛时间可以达到 7ns。图 4-9c 展示了不同精度下，维持同样吞吐量时允许的电源电压的变化。对于 DVAS，电压可以下降到 0.9V，也就是说可以提供 36% 的节能效果。而在 DVAFS 中，电压可以低至 0.75V，这意味着可以进一步降低能耗达 55%，如图 4-10a 所示。

图 4-9a 和图 4-9d 分别展示了在不同精度下，乘法器频率和翻转率的降低。在 4bit 情况下，DVAS 使得翻转率降低至 1/12.5 倍，而 DVAFS 使得翻转率降低至 1/3.2 倍。然而，在 DVAFS 中，频率降为 125MHz，而 DVAS 中频率始终维持在 500MHz。这个例子中可以精确给出这个乘法器的各种参数 k_i 和 N，见表 4-1，这里只给出了与 4.5.1 节 2. 中所设计的 DVAFS 乘法器相关的各项参数。

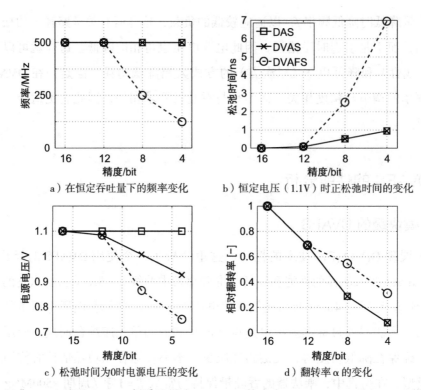

a）在恒定吞吐量下的频率变化　　　　　b）恒定电压（1.1V）时正松弛时间的变化

c）松弛时间为0时电源电压的变化　　　　d）翻转率 α 的变化

图 4-9　经典 Booth 编码 Wallace 树乘法器中，DVAFS 技术在 DAS、DVAS 和 DVAFS 模式下的性能对比。在 DVAFS 中，所有运行时间相关的参数（α, f, V）都可以调节

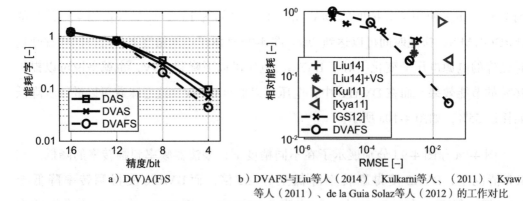

a）D(V)A(F)S　　　　　b）DVAFS与Liu等人（2014）、Kulkarni等人、（2011）、Kyaw 等人（2011）、de la Guia Solaz等人（2012）的工作对比

图 4-10　在经典 Booth 编码和 Wallace 树乘法器中使用 DAS、DVAS 和 DVAFS 以及其他近似计算技术时，能效随精度的变化曲线（Liu 等人，2014；Kulkarni 等人，2011；Kyaw 等人，2011；de la Guia Solaz 等人，2012）

表 4-1　应用于 16bit 乘法器的 D(V)A(F)S 技术在不同精度下各参数的变化

参数	4bit	8bit	12bit	16bit
k_0	12.5	3.5	1.4	1
k_2	12.5	3.5	1.4	1
k_3	1.2	1.1	1.02	1
k_6	3.2	1.82	1.45	1
k_7	1.53	1.27	1.02	1
N	4	2	1	1

图 4-10a 汇总了所有这些降低能耗的技术，这张图对比了乘法器计算每个字在不同模式下的平均总能耗（以经典 16bit 不可重构乘法器作为基准进行归一化），图中曲线是在保持吞吐量不变的情况下，改变计算精度时能量的变化。注意到，16bit 时 DVAFS 反而会带来能耗的增加，这是因为重构全精度乘法器有着 21% 的额外开销。在全精度 16bit 分辨率时，DVAFS 乘法器平均每字消耗 2.63pJ，而普通乘法器的基准是 2.16pJ，如 4.5.1 节所讨论，这是由于额外的多路选择器引起的。DAS 的例子中主要是通过降低 α 来进行能耗降低的，而在 DVAFS 中，实现更显著的能耗降低是依靠额外的电压调节能力。4×4 路并行的 DVAFS 相比于基准乘法器节省了超过 95% 的能耗。

DVAFS 比其他的近似计算方法有着更好的能耗－准确率折中方案，不仅仅体现在能耗降低的幅度上，也体现在能耗－准确率变化的动态范围中。图 4-10b 将 DVAFS 乘法器的性能与 Liu 等人（2014）、Kulkarni 等人（2011）、Kyaw 等人（2011）、de la Guia Solaz 等人（2012）的工作进行了对比，在精度具有相同 RMSE 的情况下都表现出相当好的相对能耗效果（与对应的全精度实现对比）。DVAFS 的曲线从 4bit 到 16bit 变化，也表现出很大的能耗动态范围。尽管 de la Guia Solaz 等人（2012）的工作在高精度情况下能耗更低，但在 RMSE 高于 1e-4 的情况下，它的能耗很高。而其他的工作如 Liu 等人（2014）、Kulkarni 等人（2011）、Kyaw 等人（2011）的工作都不能在运行时支持自适应的折中，并且在等精度水平下处理每字的能耗更高。

4.4.2　系统级的 DVAFS

为了展示 DVAFS 在系统级的优势，这里实现了一个支持 DVAFS 的 SIMD RISC

向量处理器，并且使用专用指令集处理器（ASIP）设计工具（Wu 和 Willems，2015）进行仿真。使用与 4.4.1 节同样的 40nm 低功耗低阈值电压工艺，图 4-11 展示了整个处理器的架构，这个处理器中有参数化的 SIMD 宽度 SW，表示数据通路单元和存储库的个数。为了使它与 DVAFS 兼容，它可以支持亚字级并行，并且包含很多个功率域。每个 SIMD 单元都可以独立调节精度模式（$1 \times 1 \sim 16$bit，$2 \times 1 \sim 8$bit，$4 \times 1 \sim 4$bit）。

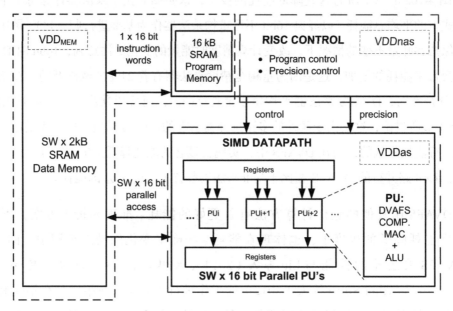

图 4-11　可参数化的 SIMD 处理器架构

所有存储单元都位于一个单独的功率域中（V_{MEM}），其电压固定在 1.1V 以保证操作的可靠性。处理器的其他部分分成了两个功率域，它们支持可变的电源电压（V_{vas} 和 V_{nas}）。作为测试，使用该 SIMD 处理器进行一个大卷积核运算。

SIMD 处理器的性能如图 4-12a 所示，在吞吐量保持不变、处理器实例具有不同 SIMD 宽度 SW 的情况下，给出了平均处理每字的处理器能耗与计算精度之间的关系曲线。比较基准为工作在 1×16bit、500MHz 工作频率的 SW 处理器。能耗的最大衰减点发生在 4×4bit 的 DVAFS 模式时，此时与基准相比节能 85%。相比之下 DAS

和 DVAS 的节能效果就比较一般（60%），因为精度可调节的数据通路对处理器能耗的贡献是比较小的。

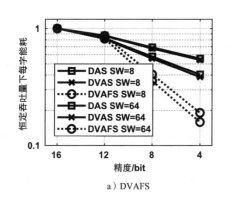
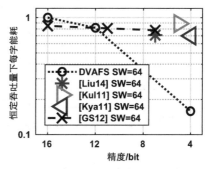

a）DVAFS

b）DVAFS与Liu等人（2014）、Kulkarni等人（2011）、Kyaw
等人（2011）、de la Guia Solaz等人（2012）工作的对比

图 4-12　SIMD 处理器上 DAS、DVAS 和 DVAFS 的能效比较以及它们与 Liu 等人（2014）、Kulkarni 等人（2011）、Kyaw 等人（2011）、de la Guia Solaz 等人（2012）工作的对比

表 4-2 给出了此处理器更细致的能耗分布情况。能耗分为存储（mem）、指令解码和读取等其他额外开销（nas）和向量运算（vas）。高并发的 SW=64 的处理器在算术电路上有更大比例的能耗，因此相比于它对应的低并行度（SW=8）实现，它可优化的空间也更大。对于 DAS、DVAS、DVAFS 来说都是这种情况。然而，其中 DVAFS 相比于其他提到的技术，显示出更好的能耗 – 准确率折中，这是因为它支持频率调节，并且也优化了电压调节方式。因此，在一个单独的 DVAS 系统中，需要有很高的并行度才能获得显著的能效提升。而 DVAFS 则可以在低并行度的情况下仍能大幅降低能耗，这是因为 nas 部分的电源电压也降低了。

表 4-2　不同的 DVA(F)S 模式下功率分布和能效提升。黑体代表 DVAFS，明体代表 DVAS，吞吐量 $T = \mathrm{SW} \times N$字 / 周期 $\times \dfrac{500}{N}$ MHz

SW	模式	V_{nas}/V	V_{as}/V	mem 部分（%）	nas 部分（%）	as 部分（%）	功率 /mW	百分比功率（%）
8	1 × 16bit	1.1	1.1	31	46	23	36	100
8	1 × 8bit	1.1	1.0	24	64	13	24	67

（续）

SW	模式	V_{nas}/V	V_{as}/V	mem 部分（%）	nas 部分（%）	as 部分（%）	功率 /mW	百分比功率（%）
8	1×4bit	1.1	0.9	17	77	6	20	56
8	**2×8bit**	**0.9**	**0.9**	**39**	**48**	**13**	**15**	**42**
8	**4×4bit**	**0.8**	**0.7**	**47**	**44**	**9**	**7**	**20**
64	1×16bit	1.1	1.1	31	32	37	289	100
64	1×8bit	1.1	1.0	29	49	22	160	55
64	1×4bit	1.1	0.9	23	64	13	111	38
64	**2×8bit**	**0.9**	**0.9**	**41**	**39**	**20**	**103**	**35**
64	**4×4bit**	**0.8**	**0.7**	**53**	**33**	**14**	**45**	**16**

注：电压取整到一位小数。

表 4-3 和图 4-12b 给出了本算法和其他近似计算方法的对比，正如图 4-10b 所示，表 4-3 清晰地说明了，即使在高并行度 SW=64 的情况下，其他技术也无法获得系统级的好处。此外，大部分其他的近似计算方法都是静态的，在 de la Guia Solaz 等人（2012）的工作中，在等价计算精度为 7bit 时，处理每个字的能耗降低到了 16bit 基准方案的 78%。同样的架构在使用 DVAS 和 DVAFS 时，能耗分别降低到 55% 和 35%，相比 de la Guia Solaz 等人（2012）的工作提升分别为 1.5 倍和 2.2 倍。

表 4-3   SW=64 的 SIMD 处理器中应用各种不同静态近似计算技术时的功耗分布

参考文献	等效精度 /bit	mem 部分（%）	nas 部分（%）	as 部分（%）	功率 /mW	百分比功率（%）
Liu 等人（2014）	7	43	45	11	207	71
Kulkarni 等人（2011）	5	35	36	29	257	89
Kyaw 等人（2011）	4	44	46	10	202	70
de la Guia Solaz 等人（2012）	16	36	38	26	247	85
de la Guia Solaz 等人（2012）	11	38	40	23	236	81
de la Guia Solaz 等人（2012）	7	40	41	19	226	78

纵观全局

DVAFS 应用于高能效神经网络加速器并在硅基芯片上的实现会在第 5 章和第 6 章中介绍。

4.5　DVAFS 实现的挑战

虽然本方法原理上十分简单，但是想要实现 DVAFS，设计基本的 D(V)A(F)S 模块，还是会面临一些挑战，这些挑战体现在功能层和物理实现上。

对于功能实现，本节一开始将讨论如何设计一个基本的 D(V)A(F)S 模块。另外，本节会讨论切实可行的物理实现中必要的修改方案。

4.5.1　基础 DVA(F)S 模块的功能实现

1. 兼容 DAS 和 DVAS 的模块

兼容 DAS 和 DVAS 的模块很容易实现在任何数字电路系统上，只需要在精度可调节模块的输入部分进行舍入或者截断，取出 N 个高位来（见图 4-13）。舍入方法可以带来零偏误差（$\mu = 0$，$\mathrm{RMSE} = \sigma = \dfrac{\mathrm{LSB}}{\sqrt{12}}$），但也意味着较高的实现代价，这是因为它需要增加额外的加法器来进行取整运算。截断只需要设置可编程的信号门就可以了，但是却会导致较大的有偏误差（$\mu = \dfrac{\mathrm{LSB}}{2}$，$\mathrm{RMSE} = \dfrac{\mathrm{LSB}}{\sqrt{3}}$）。

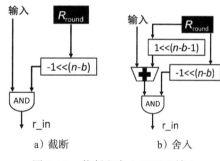

图 4-13　截断和舍入 DVAS 输入

在高度并发的架构中舍入误差很小，例如 Moons 和 Verhelst (2016)、Moons 等人 (2017b) 的工作。在本书的精度调节方案中，会一直使用舍入模块。在 RTL 级上，不需要其他额外的改动来支持这项功能。具体的使用精度可以简单地通过调整 LSB 的位数来改变（见图 4-13），因此理论上讲可以以一种逐周期的方式完成。相比于标准实现，所有这些模块在 RTL 级上都不需要做任何改动，因此这些模块可以用任何 Verilog-HDL 语言和标准流程实现。

2. 兼容 DVAFS 的模块设计

在 DVAFS 中，需要更先进的 RTL 级改进，这是因为 DVAFS 采用了亚字级并行的模块。在任何数据转移、控制和存储模块中，这些变化都很小或者不存在，但是对于诸如加法器和乘法器的算术模块，需要进行特殊处理来实现这一点。确保 DVAFS 模块能够兼容 DVAS 模式也十分具有挑战性。

小贴士

四舍五入（MATLAB 中的 round 函数）需要额外的加法器，但数值上的表现最好。因为它的对称性，量化误差是零偏的，并且 RMSE 小：$\mu = 0, \text{RMSE} = \sigma = \dfrac{\text{LSB}}{\sqrt{12}}$。

截断（MATLAB 中的 floor 函数）不需要额外的电路设计，但是数值表现较差。因为它不对称，所以量化误差是有偏的，并且 RMSE 大：$\mu = \dfrac{\text{LSB}}{2}, \text{RMSE} = \dfrac{\text{LSB}}{\sqrt{3}}$。在任何连续的算术运算中，这种误差都会累积下去。

加法器可以以传统方法兼容 DVAFS，只需要将进位传播在所需的亚字长度处截断就可以，这可以通过在正确的位置截断进位信号来实现，图 4-4 部分地说明了这一点。当同时处理多个亚字时，所有的低精度逻辑单元都可以进行复用，这样总的电路的翻转率并没有降低（每个字的翻转率还降低了），但是亚字加法器的关键路径却缩短了。

乘法器想要兼容 DVAFS 则更为困难，需要进行定制化设计。这一段讨论的是一个 DVAFS Booth 乘法器（Booth, 1951）的设计例子。它采用了混合 Wallace 树来处理部分乘积和累加操作。部分积生成和求和的过程都需要特殊设计以兼容 DVAFS。在最后阶段的加法操作中使用了一个快速的 Brent-Kung 加法器（Brent 和 Kung, 1982）。读者可以在 Vercruysse 和 Uytterhoeven（2015）的工作中找到详细的设计细节。作者对于 Vercruysse 和 Uytterhoeven 在硕士论文中完成的这项艰巨的工作表达谢意。它的高层设计概述在图 4-14 中给出，为使它在性能不变的前提下支持亚字级并行，对它作了一些必要的修改。

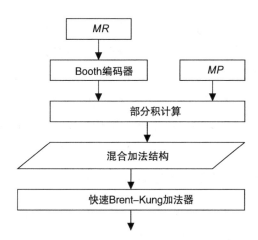

图 4-14　兼容 DVAFS 的 Booth 乘法器（混合 Wallace 进位保留加法器，最后一层使用 Brent-Kung 加法器）

4.5.2　基础 DVA(F)S 模块的物理实现

在 DVA(F)S 中，随着关键路径长度的调整，nvas、nas 和 vas 模块可以在不同的电压下工作，因此有必要对架构进行修改，在物理层面上实现这一功能。

因此，物理层面上的实现存在两个挑战：

❑ 如何支持 nvas、vas 和 nas 等不同模块的**多电源电压**工作？
❑ 如何在真实的硅基芯片中**保证关键路径的可调**？

1. DVAFS 的电压粒度调节

为了支持 DVAFS 的粒度调节，需要设置多个功率域，分别采用不同的电源电压。这也就意味着需要增加昂贵的电平转换器，并且带来额外的面积开销，这是因为新增的功率域必须在物理上与其他部分分开。具体的实际数字电路功率域分离设计方法将在 5.3.2 节中给出了详细说明。

2. 在 DVAFS 中进行关键路径调节

在数字电路物理实现工具中，并不支持在降低精度后进行关键路径的调节（以

比例 k_i 进行调节，见 4.3 节）。这些方法不适用于 DVAFS，并且只能保证所有的关键路径满足时序约束。在物理实现中，由于减少了逻辑门个数而存在潜在变短可能的路径并不一定能保证变短：时序可能主要由布线决定。电子设计自动化（EDA）工具只能保证路径长度小于时序约束。在实际中，很大一部分路径的延时都与关键路径接近，即使它们的逻辑路径更短。这个现象被称为松弛时间墙（Kahng 等人，2010；Pagliari 等人，2017）。但是，如果对于不同的模式设置额外的（更严格的）时序约束，DVAS 在低精度时缩短关键路径的思想仍然可以实现（Moons 和 Verhelst，2017）。

这些额外的约束会产生多种影响：首先，额外的严格约束条件会导致更大的缓冲开销，增加电路能耗；其次，它显著增加了后端优化工具的运行时间。以一个 150 万逻辑门（200MHz，40nm CMOS 工艺）的系统为例，对于单一约束条件，需要 5 ~ 10h 进行优化，而对于多模式优化则需要 24 ~ 36h。这就会导致明显的设计时间增加，这部分开销也应该被算到系统设计的早期阶段中去。

4.6　小结和讨论

在本章中，讨论了 DVAFS 技术，它是一种高效的电路级动态近似计算方法。这一动态技术很适合用于深度神经网络中，尤其是测试时 FPNN 和训练时 QNN（见第 3 章讨论）。本章给出了现有的近似计算工作的概述，指出了 DVAFS 在精度调节这一子领域的位置。进一步地，本章讨论了这项技术的性能表现和实现难点。结果说明，DVAFS 不仅思想简单，并且比现有的最好的近似计算技术都更出色。

1）DVAFS（以及它的两个特例：DAS 和 DVAS）的概念是一种**动态**的近似计算方法。大部分其他近似计算技术都是**静态**的，即它们不能在运行时进行能耗 - 准确率的折中。这种动态的特点在神经网络应用中十分有用。

2）精度调整技术，包括 DAS 和 DVAS，以及其他那些现有的最先进技术，都只能影响 as 模块，例如算术模块，而不能影响 nas 模块，例如控制单元。这一限制使得这些技术的应用范围较窄，只能处理数据密集型应用。而 DVAFS 则不是这样，它甚至可以降低 nas 模块的能耗。

3）本章对 DVAFS 技术在模块级和系统级都进行了讨论。在模块级别，它展现出了比现有最好的动态或静态近似计算技术高 3.5 倍的性能，而在系统级别（并行 SIMD 处理器），这一数值增长到 4.5 倍。DVAFS 提供了降低全系统每次操作功耗、能耗的可能性，因为它在保持恒定吞吐量的同时调节低精度系统的时钟频率。这一技术可以在真实的近似计算系统中降低所有非计算单元的能耗。因为之前的所有工作都没有考虑到这一点，因此 DVAFS 在这一领域作出了突出贡献。

4）介绍了功能层面（亚字级并行的基本模块搭建）和物理层面（进行关键路径调节）的实际实现挑战。

第 5 章中的处理器设计和硅基芯片原型都将在处理 CNN 时使用 DVA(F)S 技术。

参考文献

Andrae A (2017) Consumer power consumption forecast T. In: Nordic Digital Business Summit, Helsinki

Baek W, Chilimbi TM (2010) Green: a framework for supporting energy-conscious programming using controlled approximation. In: ACM Sigplan notices, vol 45. ACM, New York, pp 198–209

Booth AD (1951) A signed binary multiplication technique. Q J Mech Appl Math 4(2):236–240

Brent RP, Kung HT (1982) A regular layout for parallel adders. IEEE Trans Comput C-31(3): 260–264

Camus V, Schlachter J, Enz C, Gautschi M, Gurkaynak FK (2016) Approximate 32-bit floating-point unit design with 53% power-area product reduction. In: 42nd European solid-state circuits conference, ESSCIRC conference 2016. IEEE, pp 465–468

Carbin M, Misailovic S, Rinard MC (2013) Verifying quantitative reliability for programs that execute on unreliable hardware. In: ACM SIGPLAN notices, vol 48. ACM, New York, pp 33–52

Chippa VK, Chakradhar ST, Roy K, Raghunathan A (2013) Analysis and characterization of inherent application resilience for approximate computing. In: Proceedings of the 50th ACM annual design automation conference, p 113

Ernst D, Kim NS, Das S, Pant S, Rao R, Pham T, Ziesler C, Blaauw D, Austin T, Flautner K, et al (2003) Razor: a low-power pipeline based on circuit-level timing speculation. In: Proceedings of the 36th annual IEEE/ACM international symposium on microarchitecture. IEEE Computer Society, Washington, DC, p 7

de la Guia Solaz M, Conway R (2014) Razor based programmable truncated multiply and accumulate, energy reduction for efficient digital signal processing. Trans VLSI syst 23: 189–193

de la Guia Solaz M, Han W, Conway R (2012) A flexible low power DSP with a programmable truncated multiplier. In: TCAS-I

Han J, Orshansky M (2013) Approximate computing: an emerging paradigm for energy-efficient design. In: 2013 18th IEEE European test symposium (ETS). IEEE, pp 1–6

Hegde R, Shanbhag NR (1999) Energy-efficient signal processing via algorithmic noise-tolerance. In: Proceedings of the 1999 international symposium on low power electronics and design. IEEE, pp 30–35

Hegde R, Shanbhag N (2001) Soft digital signal processing. IEEE Trans Very Large Scale Integr VLSI Syst 9(6):813–823

Horowitz M (2014) 1.1 computing's energy problem (and what we can do about it). In: IEEE international solid-state circuits conference (ISSCC). IEEE, pp 10–14

Jiang H, Han J, Lombardi F (2015) A comparative review and evaluation of approximate adders. In: Proceedings of the 25th edition on great lakes symposium on VLSI. ACM, New York, pp 343–348

Kahng AB, Kang S, Kumar R, Sartori J (2010) Slack redistribution for graceful degradation under voltage overscaling. In: Proceedings of the 2010 Asia and South Pacific design automation conference. IEEE Press, pp 825–831

Kulkarni P, Gupta P, Ercegovac M (2011) Trading accuracy for power with an underdesigned multiplier architecture. In: International conference on VLSI design

Kyaw KY, et al (2011) Low-power high-speed multiplier for error-tolerant application. In: Electron devices and solid-state circuits (EDSSC)

Liu C, Han J, Lombardi F (2014) A low-power, high performance approximate multiplier with configurable partial error recovery. In: Design, automation and test in Europe (DATE)

Misailovic S, Carbin M, Achour S, Qi Z, Rinard MC (2014) Chisel: reliability-and accuracy-aware optimization of approximate computational kernels. In: ACM SIGPLAN notices, vol 49. ACM, New York, pp 309–328

Mittal S (2016) A survey of techniques for approximate computing. ACM Comput Surv (CSUR) 48(4):62

Moons B, Verhelst M (2015) DVAS: dynamic voltage accuracy scaling for increased energy-efficiency in approximate computing. In: International symposium on low power electronics and design (ISLPED). https://doi.org/10.1109/ISLPED.2015.7273520

Moons B, Verhelst M (2016) A 0.3-2.6 tops/w precision-scalable processor for real-time large-scale convnets. In: Proceedings of the IEEE symposium on VLSI circuits, pp 178–179

Moons B, Verhelst M (2017) An energy-efficient precision-scalable convnet processor in 40-nm CMOS. IEEE J Solid State Circuits 52(4):903–914

Moons B, De Brabandere B, Van Gool L, Verhelst M (2016) Energy-efficient convnets through approximate computing. In: Proceedings of the IEEE winter conference on applications of computer vision (WACV), pp 1–8

Moons B, Uytterhoeven R, Dehaene W, Verhelst M (2017a) DVAFS: trading computational accuracy for energy through dynamic-voltage-accuracy-frequency-scaling. In: 2017 Design, automation & test in Europe conference & exhibition (DATE). IEEE, pp 488–493

Moons B, Uytterhoeven R, Dehaene W, Verhelst M (2017b) Envision: a 0.26-to-10 tops/w subword-parallel dynamic-voltage-accuracy-frequency-scalable convolutional neural network processor in 28nm FDSOI. In: International solid-state circuits conference (ISSCC)

Pagliari DJ, Durand Y, Coriat D, Molnos A, Beigne E, Macii E, Poncino M (2017) A methodology for the design of dynamic accuracy operators by runtime back bias. In: 2017 design, automation & test in Europe conference & exhibition (DATE). IEEE, pp 1165–1170

Park J, Choi JH, Roy K (2010) Dynamic bit-width adaptation in DCT: an approach to trade off image quality and computation energy. IEEE Trans Very Large Scale Integr VLSI Syst 18(5):787–793

Ranjan A, Raha A, Venkataramani S, Roy K, Raghunathan A (2014) ASLAN: synthesis of approximate sequential circuits. In: Proceedings of the conference on design, automation &

test in Europe, European design and automation association, p 364

Samadi M, Lee J, Jamshidi DA, Hormati A, Mahlke S (2013) Sage: self-tuning approximation for graphics engines. In: 2013 46th annual IEEE/ACM international symposium on microarchitecture (MICRO). IEEE, pp 13–24

Sampson A, Dietl W, Fortuna E, Gnanapragasam D, Ceze L, Grossman D (2011) Enerj: approximate data types for safe and general low-power computation. In: ACM SIGPLAN notices, vol 46. ACM, New York, pp 164–174

Sidiroglou-Douskos S, Misailovic S, Hoffmann H, Rinard M (2011) Managing performance vs. accuracy trade-offs with loop perforation. In: Proceedings of the 19th ACM SIGSOFT symposium and the 13th European conference on foundations of software engineering. ACM, New York, pp 124–134

Sorber J, Kostadinov A, Garber M, Brennan M, Corner MD, Berger ED (2007) Eon: a language and runtime system for perpetual systems. In: Proceedings of the 5th international conference on embedded networked sensor systems. ACM, New York, pp 161–174

Usami K, Horowitz M (1995) Clustered voltage scaling technique for low-power design. In: International symposium on low power design (ISLPED)

Venkataramani S, Sabne A, Kozhikkottu V, Roy K, Raghunathan A (2012) Salsa: systematic logic synthesis of approximate circuits. In: Proceedings of the 49th annual design automation conference. ACM, New York, pp 796–801

Venkataramani S, et al (2013) Quality programmable vector processors for approximate computing. In: MICRO

Vercruysse L, Uytterhoeven R (2015) Energiewinst door good-enough computing: introductie van at run-time aanpasbare precisie in digitale circuits. PhD thesis, KU Leuven, Departement Elektrotechniek, moons, Bert and Verhelst, Marian (supervisor)

Whitney J, Delforge P (2014) Data center efficiency assessment. Issue paper on NRDC (The Natural Resource Defense Council)

Wu B, Willems M (2015) Rapid architectural exploration in designing application-specific processors. In: ASIP designer whitepaper

Xu Q, Mytkowicz T, Kim NS (2016) Approximate computing: a survey. IEEE Des Test 33(1):8–22

第 **5** 章

Envision：能耗可调节的
稀疏卷积神经网络处理

5.1 神经网络加速

为了在现有平台或新型硬件架构上进行高能效的神经网络推理，已经有一些工作提出了定制的优化 CNN 数据流。3.1 节已经对这类工作进行了概括，这里将其中的一部分重述一遍作为本章的介绍。在 CPU（Vanhoucke 等人，2011）、GPU（Cavigelli 等人，2015b）和 FPGA（Rahman 等人，2016；Suda 等人，2016；Motamedi 等人，2016）等计算平台上为高性能应用所做的优化往往需要数百瓦的功率，导致其无法在电池容量受限的嵌入式系统中部署。其他的工作多是专注于低功耗嵌入式应用的专用集成电路（Application-Specific Integrated Circuit，ASIC），旨在以亚瓦级（subWatt）的功耗实现实时操作，比如 Chen 等人（2014，2016）、Knag 等人（2016）、Du 等人（2015）、Cavigelli 等人（2015a）、Albericio 等人（2016）、Han 等人（2016）、Reagen 等人（2016）的论文。这些都是以牺牲灵活性换取能效的加速器。Chen 等人在 2016 年提出了一种二维空间架构 Eyeriss，其利用了数据的局部性和网络的稀疏性，但并没有使用低精度的计算。Knag 等人（2016）的工作是一种利用低精度实现的优化架构，但其只能处理固定（硬编码）数量的层。DaDianNao（Chen 等人，2014）和 ShiDianNao（Du 等人，2015）利用了局部性，但仅在小型网络上实现了高性能的表现。Cavigelli 等人（2015a）使用一种在 12bit 固定精度下运行的专用 7×7

卷积引擎，这限制了方法的灵活性。Albericio 等人（2016）将 DaDianNao 的架构与硬件支持相结合，利用了时域中网络的稀疏性，实现了高达 1.55 倍的性能提升。EIE（Han 等人，2016）和 Minerva（Reagen 等人，2016）在新型的硬件架构中利用了低精度和稀疏度，但仅针对全连接的网络层进行了定制。

在灵活性 – 效率平面中，图 5-1 对不同的神经网络加速方案进行了分类。只有 ASIC 和专用指令集处理器（Application-Specific Instruction-set Processor，ASIP）（Wu 和 Willems，2015）能够满足嵌入式常开应用对能效的要求。

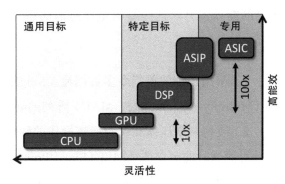

图 5-1　不同硬件平台在能效与灵活性空间中的表现。ASIP 可以提供比具有类似能效的硬连线或可重配置的 ASIC 更好的灵活性

纵观全局

本章讨论的芯片针对复杂的基于 CNN 的、大规模和多类分类问题进行了优化。这里，能效是最重要的问题。因此，对于第 2 章中讨论的分层方法，本章讨论的芯片主要针对其中完整分层结构的最后 2 个层级，第 6 章中的 BinarEye 芯片将关注分层结构中更简单的前几层。

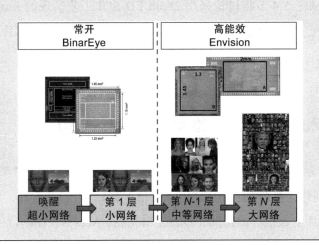

本章中讨论的 Envision 芯片（Moons 和 Verhelst，2016；Moons 等人，2017）属于 ASIP，因为他们率先利用了 CNN 中所有主要的节能特性，包括数据局部性、网络稀疏性和精度调节，Envision 芯片相比于发表时能效比当时最先进的设计获得了 5 倍的能效提升。这些结果是通过前面第 3 章讨论过的 3 个关键的神经网络特性实现的：

1）采用二维的单指令多数据流（Single Instruction Multiple Data，SIMD）乘累加（Multiply-ACcumulate，MAC）阵列的处理器架构。

2）支持网络压缩和保护稀疏操作的硬件结构。其系统层面的收益已经在第 3 章中针对测试时的定点神经网络（Fixed-Point Neural Network, FPNN）进行过讨论。

3）根据第 4 章中讨论的概念，在 Envision V1 版本中硬件支持动态电压精度调节（Dynamic-Voltage-Accuracy-Scaling，DVAS），在 Envision V2 版本中硬件支持动态电压精度频率调节（Dynamic-Voltage-Accuracy-Frequency-Scaling，DVAFS）。据此，我们说明了基于神经网络进行近似计算（Chippa 等人，2013）范式的可行性：如果算法无需进行高精度的计算，则可以设计一个更高效的基础处理器。

2.4 节已给出能效可调节的 Envision 处理器的一个用例：分层面部识别。本章余下的内容以如下的结构进行组织：5.2 节将讨论 Envision 芯片中用到的处理器架构和指令集；5.3 节将讨论采用 40nm CMOS 工艺实现的兼容 DVAS 的 Envision V1 的具体设计和测量结果；5.4 节将讨论采用 28nm FD-SOI 工艺实现的 Envision V2 的具体设计和测量结果；最后，5.5 节将具体比较两个版本的 Envision 芯片，并且总结本章的内容。

5.2　针对嵌入式 CNN 的二维 MAC 处理器架构

如图 5-2 所示，Envision 中提出的可编程、高能效的 ASIP 架构采用二维的 SIMD-MAC 阵列作为高效的卷积引擎（见 5.2.1 节）。为了灵活性，增加了可配置的片上存储架构和片上直接存储访问（Direct Memory Access，DMA）控制器（见 5.2.2

节）。5.2.4 节将讨论处理器的指令集。

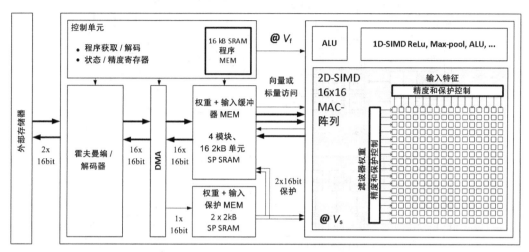

图 5-2　Envision 架构的高层次概述。芯片包含 1 个标量和 16 个向量 ALU、一个存储
　　　　输入和权重的片上 SP SRAM、一个存储稀疏信息的 SRAM、一个控制单元、一
　　　　个 DMA 控制器和一个在电压为 V_f 的固定电源域中的霍夫曼编 / 解码器。一个
　　　　二维 SIMD-MAC 阵列被置于电压为 V_s 的可调节电源域中

5.2.1　处理器数据通路

1. 二维 MAC 阵列

图 5-2 所示的 16×16 的 2D-MAC 阵列作为卷积引擎使用，其数据流如图 5-3 所
示。与标量解决方案相比，单周期的 MAC 阵列可实现 256 倍的加速，同时还最大限
度地减小了对片上存储的带宽需求。二维架构允许同时将 16 个不同的滤波器应用于
16 个不同的输入特征图，这有效地利用了 CNN 的卷积和图像重用特性（Chen 等人，
2016）。这种数据重用方案可以实现 256 倍的加速，与原始的一维 SIMD 解决方案相
比，这种方法每个周期中每个处理单元需要 2 个输入，可以将内部带宽降低至 1/16
以下。通过在 MAC 阵列的输入端添加先入先出（First-In-First-Out，FIFO）寄存器，
可以进一步减少本地通信开销，如图 5-3 所示。表 5-1 中列出了 2D-MAC 阵列架构
与原始的一维 SIMD 基准对带宽要求的对比。

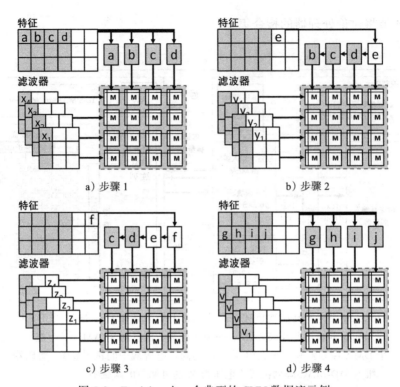

a) 步骤 1   b) 步骤 2

c) 步骤 3   d) 步骤 4

图 5-3   Envision 上一个典型的 CNN 数据流示例

表 5-1   在步长为 1 的操作中每个 MAC 操作每个 MAC 单元获取的字

滤波器尺寸	1D-SIMD	2D-SIMD	2D-FIFO	收益（倍）
1×1	2	0.125	0.125	16.0
3×3	2	0.125	0.086	23.3
5×5	2	0.125	0.078	25.6
11×11	2	0.125	0.072	27.8

图 5-3 中的示例说明了典型的 $3 \times 3 \times C \times F$ 的滤波器数据流的 4 个滤波器的首个操作步骤，这 4 个滤波器来自由 F 个滤波器组成的滤波器组，其在运行时并行执行。为了能清晰地表述，这里使用简化的 4×4 的 MAC 阵列进行说明，而片上实际使用 16×16 的阵列。在该简化示例中，第一步先将向量从输入特征图缓存器加载到 FIFO 寄存器。之后再将它与滤波器组中的 4 个不同滤波器的第一个滤波器权重（w_{00}）相乘，然后将所有 16 个部分和与前一个结果一起累加并存储在局部累加寄存器的矩阵中。在第 2 步和第 3 步中，从输入特征图提取单个字，并推入到 FIFO 寄存器中。

然后将移位后的向量与接下来的 4 个滤波器权重相乘，并与之前的结果累加。对于 3×3 滤波器，该过程重复 3 次，如第 4 步所示，每一次中输入的行的向量与相应的权重相乘并累加。

该方案的另一个优点是，它允许所有中间值保持在累加寄存器中以进行完整的 $K \times K \times C$ 卷积。因此，MAC 累加寄存器位数为 48bit，这足够满足 AlexNet（Krizhevsky 等人，2012）基准测试中最坏情况的需求。因此，不需要频繁回写到代价更高的 SRAM。

这种具有 FIFO 输入特性的 2D-MAC 单元还支持跨度不等于 1 的 CNN 数据流，如图 5-4 所示。图 5-4a 所示是在步长为 1 且卷积核尺寸 $k \times k = 3 \times 3$ 情况下的数据流表示，这与图 5-3 所示的数据流是相似的。图 5-4b 所示是 $k = 3$ 且步长为 2 时的卷积层表示，此时与步长为 1 的标准方案相比，输入特征和权重都需要重新排序。在这种方案中，一个 16 维特征向量和权重 w_{00} 首先被取出。该向量存储第 1 行的特征 $0,2,\cdots,30$。第 2 个周期中对单个字进行 FIFO 访问，取出特征 32 并将其推入 FIFO 寄存器，同时取出权重 w_{02}。最后，这个方案需要另外的特征 $1,3,\cdots,31$，以及卷积核的权重 w_{01}。图 5-4c 给出了 $k = 5$ 且卷积步长为 4 时的例子。在这种情况下，在周期 1、3 和 5 中需要进行向量访问，而在周期 2 和 4 中可以进行单字 FIFO 访问。为了实现这些方案，指令集需要在向量地址和字地址的计算上具有足够的灵活性。

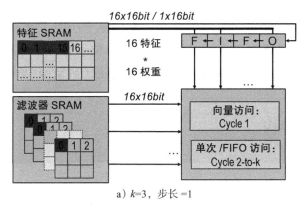

a）$k=3$，步长 =1

图 5-4　不同跨度下 Envision 片上 CNN 数据流示例

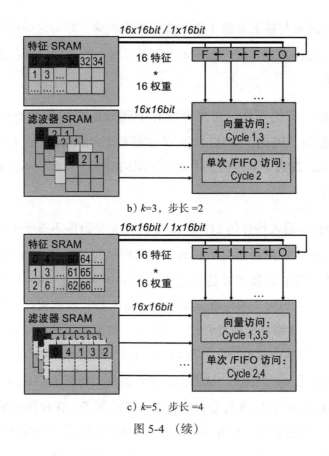

b）k=3，步长 =2

c）k=5，步长 =4

图 5-4　（续）

2. 其他计算单元

Envision 处理器还包含一个能够执行多种向量操作的一维 SIMD 处理单元。该
向量单元包含 16 个并行处理单元，支持按位和移位运算、MAC 运算、2×2 或 3×3
的最大池化。此外，该处理器还包含标准的标量 ALU 和 MAC 单元。

5.2.2　片上存储架构

1. 片上主存储

图 5-5 展示了片上数据存储的拓扑。它被组织为一个大的 16bit 的存储地址空间
（128kB），并被细分为 4 个块（32 kB），包含 16 个可以存储 1024 个 16bit 字的单端

口 SRAM（2 kB）。因此，每个块支持向量访问，访问时分别从每个块存储器中读取 /
写入一个字。对于标量操作和基于 FIFO 的架构，单字访问也同样是可行的。使用者
可以在 4 个可用存储块中的任何一个中自由存储特征图或滤波器组的权重。

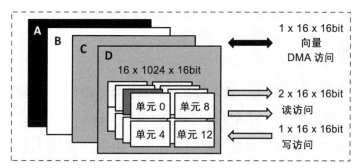

图 5-5　片上存储架构。一个大的地址空间被细分为 4 个块，每个块包含 16 个单端口
　　　　SRAM 组。每个 SRAM 可以存储 1024 个 16bit 的字。该架构允许从处理器端
　　　　进行标量、向量或双向量访问，同时可以通过 DMA 端的向量端口进行读取或
　　　　写入

从处理器端可以同时读取 4 个块中的 2 个块。通常一个块只包含滤波器值，另
一个块包含输入特征图的一部分。这允许在单周期内为 2D-MAC 阵列提取滤波器和
特征输入。由于写操作的访问量较低，处理器端只有一个写入端口。

2. DMA 控制

定制的 DMA 支持片外存储间的高效通信，而不会阻塞处理器流水线。与处理
器进行访问相并行的，DMA 还可以读取或写入任何存储块，这由与存储相对应的寄
存器控制。处理器和 DMA 之间的同步通过检查软件中的 DMA 特定状态寄存器来完
成，该寄存器指示了数据传输是否已经完成。

此外，它包含一个特定的基于霍夫曼的编 / 解码器（Huffman 等人，1952），对
稀疏的输入和输出数据执行 IO 压缩（见 5.2.3 节 2.）。使用 32bit 并行接口完成与外
界的通信，如果关闭压缩，则每个周期只传输两个字。

5.2.3 利用网络稀疏性的硬件支持

正如在 3.3 节中广泛讨论的那样，在 FPNN 的测试过程中，CNN 可能非常稀疏。这主要是由于使用了 ReLU 和低精度的操作所导致的。因此需要实现一些硬件扩展以执行操作保护和数据压缩。

1. 操作保护

在一个新的卷积层的开始，输入特征图和滤波器组的稀疏性是已知的。该信息存储在两个专用的小型片上 SRAM 缓存器中（见图 5-6a），每个缓存器包含 1024 个16bit 的字，存储一个主存储块的稀疏信息。每个字由一个 16 个 1bit 的标志组成，其中每个标志表示相关联的特征映射单元或滤波器权重的稀疏度信息。如果标志为1，则关联的字包含有效数据，如果为 0 则包含可以忽略的零值数据。这些稀疏性标志在 Envision 中用于保护来自存储的冗余存储器读取，并避免由零值数据引起的MAC 阵列不必要的翻转活动。

保护存储器读取通过在读取片上存储器之前，先检查稀疏性标志位来实现。根据标志位的值，有条件地读取字。这可以简单地通过将使能信号选通到片上 SRAM组来完成，如图 5-6b 所示。仅需检查 16+16 个 1bit 的标志位，就可以避免 32 个大型 SRAM 组（每个 2kB）的翻转活动。

保护 2D-MAC 操作可以通过避免 MAC 输入的翻转和累加寄存器的门控时钟来完成。为此，增加了额外的翻转阻止电路，如图 5-6 所示。稀疏保护寄存器由稀疏标志位控制。如果标志位为 1，则新的输入值存储在寄存器中并直接传播到 MAC 阵列。如果标志位为 0，则禁用翻转阻止寄存器，并将前一个值保留为 MAC 阵列的输入。这样，MAC 阵列的列或行的输入保持不变，有效地降低了翻转率。实际功率降低取决于权重 s_w 和特征图输入 s_i 的稀疏度水平的乘积。如果两个输入都为零，则只能完全保护乘数：$P_{rel} = s_i \times s_w$。这里，P_{rel} 是 MAC 完全关闭的概率，s_i 和 s_w 是输入（或特征）和权重为零的概率。

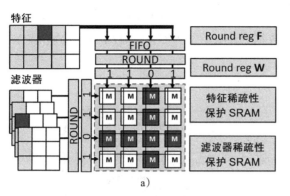 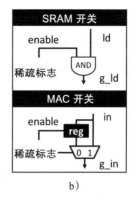

图 5-6　支持存储器读取保护和操作保护的扩展二维 MAC 架构，利用了网络的稀疏性。通过阵列（b）保护单元保护 MAC 阵列（a）的输入

小贴士

在保护输入时，不要将数据总线置于逻辑 1 或 0。这可能会导致额外的翻转活动，而不是降低翻转率，具体取决于受保护块的使用模式。正如在此处所做的那样，将数据保持在循环中作为保护技术可以更有效。这样，受保护的算术模块在不使用时不会翻转。

相同的标志位也用于对累加寄存器进行时钟门控。在这种情况下，稀疏标志位用于立即对 MAC 阵列中的整个列或行进行时钟控制。这导致更高的相对增益，因为 MAC 的输入中只有一个必须为零，以对累加寄存器进行时钟门控：$P_{rel} = s_i + s_w \times (1 - s_i)$。其中，累加寄存器是时钟门控的概率 P_{rel} 取决于输入 s_i 和权重 s_w 的稀疏度。

由于二维阵列拓扑，稀疏保护的开销是有限的。为了阻止 256 个 MAC 单元翻转，只需要检查 32 个 1bit 的标志位。

2. 面向片外通信的 IO 流压缩

片外通信通过包含编码器 / 解码器的 DMA 控制。Envision 中实现了基于 2 符号霍夫曼编码的线性压缩方案。如果数据为零，16bit 的数据被编码为 1′*b*0 ；如果为非零数据，其会被编码为一个 17bit 的数据：{1'*b*1,16'*b*data}。如图 5-7 所示，这可以实现接近理想的线性压缩，压缩后数据大小（ C ）为 $C = (s \times 1/n + (1-s) \times (n+1)/n)$ 。其中， s 是稀疏度， $n=16$ 为字长。

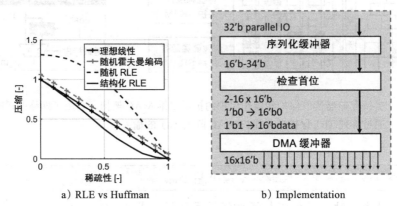

a）RLE vs Huffman   b）Implementation

图 5-7   a）比较两符号的霍夫曼编码和多符号的随机游程编码（Run-Length Encoding，RLE）。霍夫曼编码实现了近乎线性的压缩，而与数据分布无关。在 RLE 编码中，压缩率是数据聚类的函数，在随机稀疏性的情况下其压缩率低于两符号的霍夫曼编码 b）硬件实施概述

尽管 Chen 等人（2016）使用了其他可行的压缩算法，例如 RLE，可能可以实现超线性压缩，但不一定在 CNN 数据集上表现良好。这在图 5-7a 中进行了说明，其中 RLE 的绘制压缩率是数据分布和聚类的函数，而霍夫曼编码的压缩率仅是稀疏性的函数。

片上编码器/解码器的概述在图 5-7b 中给出。片上存储中存储的所有字都是解压缩的，因为正确的数据地址在基于指针的处理中至关重要。

5.2.4   通过定制化指令集实现高能效的灵活性

图 5-2 所示的定制化处理器架构控制着所有算术模块、存储架构以及所有与精度调节和稀疏性保护有关的基础模块。该处理器使用 Synopsys ASIP 设计工具（Wu 和 Willems，2015）在具有 16bit 的指令集和 8192 字（16 kB）指令存储的基础 SIMD

RISC 向量处理器上构建。它使用一个取指令阶段（IF）、一个解码阶段（ID）和 5 个执行阶段（E1, …, E5）来执行 7 级流水线，并且可以使用指针进行完全的 C 编程。此外，它还配备了许多标准的标量和向量 ALU 指令，以及跳转和控制指令。硬件循环计数器最多可内置 3 个嵌套循环。

在这项工作中，将多个自定义的可变长度指令字（Variable-Length Instruction Words，VLIW）添加到指令集，以支持保护、舍入和 MAC 操作等。这允许利用指令级并行性。图 5-8 中对此进行了说明，其显示了由 ASIP 设计工具的编译器生成的，代码 5-1 中 C 代码示例的内层循环的汇编代码。对于 $3 \times 3 \times C$ 卷积，此代码说明了图 5-3 不同步骤的 C 代码实现。列出的指令是顺序子指令的并行组合，所有这些指令均比标准 16bit 指令长度短。多个顺序子指令被组合为一个并行指令，而不是顺序地调用它们。因此，图 5-8 中的汇编指令是 2 个受保护的访存、2 个受保护的 vload、2 个舍入指令以及一个受保护的 MAC 指令的组合，该指令具有较短的可变长度，组合成一个 16bit 指令字。大多数子指令也可以单独调用。通过创建这些并行指令，代码 5-1 的内部循环的次数可以从 $3 \times 7 = 21$ 减少到 $3 + 1 = 4$。

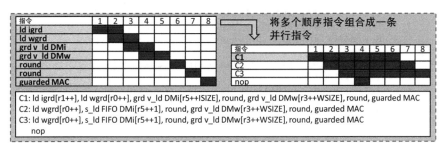

图 5-8　代码 5-1 中内层循环的汇编代码示例

5.3　基于 40nm CMOS 的 DVAS 兼容的 Envision 处理器

5.2 节中讨论的基线处理器架构可以通过使其与 DVAS 相兼容而从动态精度调节中受益，如第 4 章中讨论的内容。通过添加对精度调节的功能支持，可以在 RTL 级别上扩展该架构，并且对于物理级别的扩展，可以将设计分为用于 MAC 阵列的可调节电源域和用于所有其他模块的固定电源域。为了以较低的精度实施关键路径调节，还需要先进的后端布局和路线优化。本节讨论了以 40nm CMOS 实现的与 DVAS 兼容的 Envision V1 的设计和评估。

代码 5-1

$3 \times 3 \times C$ 的 CONV 层的示例代码。pI 是向量指针，Ig 是受保护的向量，Igr 是受保护的舍入向量。与此代码相关的汇编代码如图 5-8 所示。C1-3 如图 5-8 所示。

```
for (int f = 0;f<F;f++){
  for (int h1=0;h1<H;h1++){
    for (int h2=0;h2<H;h++) {
      pW = (vint*) &Weights[f(f,h)];
      for (int c=0;c<C;c++){
        pIg = (int*) &Feature_grds[fun(f,h1,h2,c)];
        pWg = (int*) &Weight_grds[fun(f,h1,h2,c)];
        for (int k = 0; k<K;k++){
          // Fig 7. step 1, 4, 7
        |   pI = (vint*) &Features[fun(f,h1,h2,c,k)];
C1      |   Igr = round(guard(pI++,I,pIg));    //guard,round
        |   Wgr = round(guard(pW++,W,pWg));   //guard,round
        |   R = gMAC(Igr,Wgr,R,pIg++,pWg++); //guarded mac
          // Fig 7. step 2, 5, 8
        |   pIs = (int*) &Features[fun(f,h1,h2,c,k)+1];
        |   Is = fifo(pIs++);                 //FIFO ld
C2      |   Igr = round(guard(Is,I,pIg++));    //guard,round
        |   Wgr = round(guard(pW++,W,pWg++)); //guard,round
        |   R = gMAC(Igr,Wgr,R,pIg++,pWg++); //guarded mac
          // Fig 7. step 3, 6, 9
        |   pIs = (int*) &Features[fun(f,h1,h2,c,k)+2];
        |   Is = fifo(pIs++);                 //FIFO ld
C3      |   Igr = round(guard(Is,I,pIg++));    //guard,round
        |   Wgr = round(guard(pW++,W,pWg++)); //guard,round
        |   R = gMAC(Igr,Wgr,R,pIg++,pWg++); //guarded mac
        }
      }
    }
  }
}
```

5.3.1　RTL 级的硬件支持

如 4.5 节所讨论的，DVAS 兼容性需要修改 RTL。为了保证叙述的完整性，这里将其中的要点再次列出。可调节电源域中 MAC 阵列的输入可以通过将其数值舍入为到位数可编程的最高有效位（Most-Significant-Bit，MSB）来进行精度调节。最低有

效位（Least-Significant-Bit，LSB）被显式地置为零，以减少翻转率。这是通过经典
的向上舍入方法完成的。例如，如果将正数量化为 3bitMSB，则正数 10010 转换为
10100。此过程需要对处理器架构进行两处修改。

首先，如图 5-6a 所示，添加了两个可编程状态寄
存器：一个用于特征图输入；另一个用于滤波器权重，
其中包含将用于计算的比特数。这些状态寄存器可以
以 2 个周期的延迟从软件写入。在实际中，精度仅在
层的粒度上会发生改变。其次，必须在 MAC 阵列的
输入处添加两个 1×16 的可编程舍入单元的向量阵列，
如图 5-6a 所示。图 5-9 显示了该舍入单元的基本模块：
1 个加法器、2 个移位器和 16 个与门，用于将一个字
的 LSB 设为零。

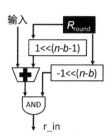

图 5-9　一个取整单元包括 1 个
加法器、2 个可编程移
位器和 16 个与门

二维架构对于限制舍入单元的开销至关重要。为了将舍入后的输入提供给
$16×16 = 256$ 个 MAC 单元，仅需舍入 $2×16 = 32$ 个输入。

5.3.2　物理实现

创建多电源域 DVAS 设计，并为 MAC 阵列提供一个固定的电源域和一个可调
节的电源域，给物理实现带来了一些复杂性。这里不仅要调整板图布局，以容纳电
平转换器、多个供电网格和多个电源端口，还应该更改后端优化流程。第 4 章中已
经强调过这一点，此处出于 Envision 的完整性考虑再重复一遍。

如果仅在全精度模式下执行后端优化，则 DVAS 不会自动启用。在实际芯片中，
即使电路架构允许，也无法保证关键路径会在较低的计算精度时减少。理论上，由
于欠佳的布局、较高的互连线延迟或较小的晶体管尺寸，乘法器中较短的路径在低
精度下仍然会变成关键路径。因此，在 DVAS 中，有必要执行先进的多模式、多工
艺角的布局布线优化方案，并在低精度的物理实现中提升缩短关键路径的理论潜力。
理想情况下，应使用在所有电源电压下均可用的库，对连续精度范围为 1 ～ 16bit 的
布局进行优化。但是，仅针对 4bit、8bit、12bit 和 16bit 的模式进行优化，仍获得了

令人满意的结果。表 5-2 中列出了 200MHz 下针对不同模式同时优化的一个设计。如果在需要的电压下没有可用的库，则在时序约束更严格的条件下以最低的可用电压对电路进行优化。

表 5-2　多个模式的优化设置

模式	固定电压 /V	可变频率 /MHz	可变电压 /V	固定频率 /MHz
4bit	1.1	400	0.9	200
8bit	1.1	333	0.9	200
12bit	1.1	200	1	200
16bit	1.1	200	1.1	200

图 5-10 是芯片成片的模片照片（die photograph）。该芯片在 40 nm 低功耗 CMOS 工艺中需要 2.4mm² 的有源面积。图 5-10 还指示了不同基本模块的位置。所有与 DVAS 兼容的基本模块（例如二维 MAC 阵列数据通路）都放在一个具有可调节电源电压 $V_{scalable}$ 的电源域中。另一个电源域包含与 DVAS 电压调节不兼容的所有 nas 逻辑，例如所有指令控制逻辑、标量 ALU 和系统的 DMA。该电源域使用固定电压 $V_{fixed} = V_{nominal} = 1.1V$。第 3 个电源域包含所有程序和数据存储，并且具有相同的电源电压 V_{fix}。这些区域的区分仅仅是出于学术目的，以便能够分别测量存储器的功耗。

图 5-10　处理器的芯片照片和布局概况。该系统采用 40nm 低功耗工艺，总面积为 2.4mm²

5.3.3　测量结果

在实验室中测量了 40nm 低功耗的 Envision V1 处理器的性能。下面将讨论其基准性能，DVAS 和稀疏保护的收益，演示多技术组合对许多基准的影响。

1. 全精度基准的性能

在处理器上执行的是类似于代码 5-1 的一个非展开的 $5×5×C$ 卷积层。在标称电源电压为 1.1V 且能以全精度运行的情况下，处理器的标称频率为 204MHz，峰值性能为 204MHz×256MAC×2 = 102GOPS（每秒千兆次操作）。因此，每个 MAC 单元每个周期执行两次操作：1 个乘法和 1 个加法。处理器的实际编码效率（每周期平均 MAC 指令数）通常较低，并且取决于所操作的滤波器大小，见表 5-3。参考代码无法达到最佳性能，但编码效率为 72%。因此，这种情况下的有效性能为 74 GOPS。在这种标称模式下，处理器的功耗为 287mW，在能效上，峰值为 372 GOPS/W，有效值为 270 GOPS/W。表 5-4 显示了测得的处理器功耗分解情况。如果同时运行，则 DMA 和编码器 / 解码器会额外消耗 2.5mW，在这种情况下，额外的片上 SRAM 消耗范围为 5 ～ 10mW，具体取决于数据的稀疏性和精度。

表 5-3 MAC 效率与滤波器大小的关系

滤波器大小	不展开（%）	展开（%）
$1×1$	33	50
$3×3$	53	75
$5×5$	72	83
$11×11$	85	92

表 5-4 1.1V 和 204MHz 时的全精度功率消耗 （单位：mW）

	动态	漏电	总计
程序存储	4.1	0.4	22.5
数据存储	18		
控制	6.4	0.3	18.7
数据传输	12		
MAC 阵列	244	1.6	245.6
总计	284.5	2.3	286.8

如果允许较低的吞吐量，则全精度处理器可以轻松地在较低的电压下运行，如图 5-11 所示。它在 0.8V 时以 100 MHz 运行，在 37 GOPS 或 510 GOPS/W 时消耗 72mW。如果以 12MHz 在 0.6V 下工作，在 4.4 GOPS 下仅消耗 5mW，则在全精度模式下，能效可进一步提高到 900 GOPS/W。

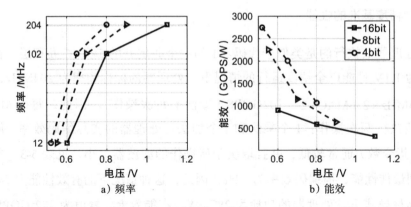

a) 频率   b) 能效

图 5-11　频率和能效与电源电压在不同模式下的关系。在 4bit 和 8bit 模式下，固定电源域以更高的电源电压运行。在给定频率下，该电压与 16bit 模式下的电压相同

2. 动态精度 DVAS 下的性能

在 DVAS 中，针对不同模式，可以以恒定频率降低可调节电源域的电源，如图 5-11 所示。固定电源域始终在全精度运行所需的电源上运行。在 204MHz 时，对于 8bit 和 4bit 操作，可调节电源可以分别降至 0.9V 和 0.8V。在 12MHz 和 4bit 精度下可以达到高达 2715 GOPS/W 的操作。图 5-12 显示了精度调节和电压调节对处理器不同部分功耗的影响。测得的效率增益是显著的：在典型的 AlexNet l2（见表 5-5）中，将精度降低到 7bit 可以比全精度基准提高 2.6 倍的能效。

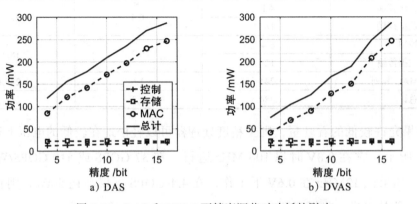

a) DAS   b) DVAS

图 5-12　DAS 和 DVAS 下精度调节对功耗的影响

表 5-5　240MHz 时相关测试基准集上的性能对比

层	权重 /bit	输入 /bit	权重稀疏度 (%)	输入稀疏度 (%)	权重带宽下降	输入带宽下降	IO/ (MB/f)	HuffIO / (MB/f)	电压 /V	MMAC 数 / 帧	功率 /mW	能效 / (TOPS/W)
通常 CNN	16	16	0%	0%	1.0×	1.0×	–	–	1.1	–	**287**	**0.3**
AlexNet l1	7	4	21%	29%	1.17×	1.3×	1	0.77	0.85	105	85	0.96
AlexNet l2	7	7	19%	89%	1.15×	5.8×	3.2	1.1	0.9	224	55	1.4
AlexNet l3	8	9	11%	82%	1.05×	4.1×	6.5	2.8	0.92	150	77	0.7
AlexNet l4	9	8	04%	72%	1.00×	2.9×	5.4	3.2	0.92	112	95	0.56
AlexNet l5	9	8	04%	72%	1.00×	2.9×	3.7	2.1	0.92	75	95	0.56
总计 / 平均	–	–	–	–	–	–	19.8	**10**	–	–	**76**	**0.9**
LeNet-5 l1	3	1	35%	87%	1.40×	5.2×	0.003	0.001	0.7	0.3	25	1.07
LeNet-5 l2	4	6	26%	55%	1.25×	1.9×	0.050	0.042	0.8	1.6	35	1.75
总计 / 平均	–	–	–	–	–	–	0.053	**0.043**	–	–	**33**	**1.6**

3. 稀疏数据流上的性能

图 5-13 显示了在标称频率和电源电压下使用与前面各节相同的参考代码分别在处理器的不同部分中进行稀疏保护的效果。存储能耗随稀疏度 s_w 和 s_i 线性减小。s_i 对存储功耗的影响是有限的，因为基于 FIFO 的架构要求对输入特征进行的读取操作少于对权重进行的读取操作。如果只有一个输入是稀疏的，那么整体的能量收益就很小。尽管如此，在典型的 AlexNet l3 中（见表 5-5），相对较高的稀疏度 $s_w = 11\%$，$s_i = 82\%$ 导致 MAC 阵列中的能耗降低至 1/3，而整个系统的能耗在全精度下降低至 1/2.4。

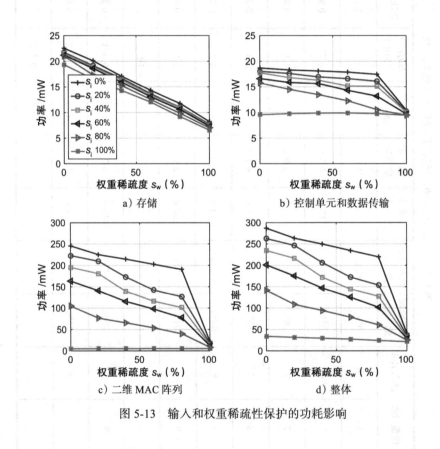

图 5-13   输入和权重稀疏性保护的功耗影响

4. 在测试基准集上的性能

表 5-5 显示了所提出的技术对 3 个测试基准的能耗的综合影响：AlexNet（Krizhevsky

等人，2012）、Lenet-5（LeCun 等人，1998）和本小节 1. 中的全精度基准参考层。所有的测试都在标称的 204MHz 下实现。

见表 5-5 和图 5-14，仅使用 7bit 就可以表示滤波器权重和输入特征图，这将总功耗从全精度时 274mW 降到了 142mW，降低至 1/1.9。MAC 阵列中的电压可以设置为 0.9V，从而将功耗再降至 1/1.3，至 107mW。使用这些量化方案，滤波器中的稀疏度在输入特征图中为 20% 和 89%。如果操作和存储器读取也得到了保护，则功耗又下降了 1.9 倍至 55mW，与已经很高效的二维基准处理器架构相比，取得了总共 5 倍的增益。同样，由于稀疏性，IO

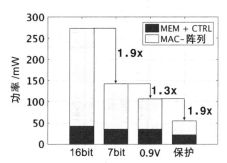

图 5-14　不同技术对 AlexNet 的第 2 层功耗的影响。通过精度，电压调节和稀疏操作保护，可以取得 5 倍的功耗收益

通信可以被压缩为输入特征的 5.8 倍。表 5-5 中的其他层也反应了类似的结果，对于 AlexNet 取得了 76mW 的平均功率或 0.9 TOPS/W 的平均能效，运行速度为 47fps。

LeNet-5 更加稀疏，并且所需的计算精度更低，甚至在第 1 层低至 1bit 时取得了 2 倍的能效提高。这些效果的组合（较低的计算精度、较低的电压以及更多受保护的操作）使得可以在有效 1.6 TOPS/W 或 2.5μJ/ 帧的能效下以 13kfps 的速率运行 LeNet-5。在此说明了这种设计的灵活度、性能以及独特的能效可调节性。

5. 与最先进方法的对比

见表 5-6，CPU 和 GPU 的实现方式（Cavigelli 等人，2015b）非常灵活，但功耗大于 100W，能效很低。Origami（Cavigelli 等人，2015a）在 12bit 运行时可以实现 437 GOPS / W 的能效，但无法根据应用程序的需求调节其能耗。Knag 等人（2016）的方法是一个针对固定的两层网络拓扑的硬编码 ASIC。仅当网络稀疏度大于 90% 时才能实现高性能。Eyeriss（Chen 等人，2016）采用 65 nm CMOS 工艺实现，在 16bit 下运行，在 AlexNet 基准测试中消耗 278mW 或 166 GOPS/W，在卷积层上的吞吐量为 34.7fps，或者效率为 8mJ/ 帧。

表 5-6　与已有针对 CNN 方法的对比

参考文献	DAC'15 (Cavigelli 等人 2015b)	DAC'15 (Cavigelli 等人 2015b)	GLSVLSI'15 (Cavigelli 等人 2015a)	VLSI'16 (Knag 等人 2016)	ISSCC'16 (Chen 等人 2016)	本项工作 (Moons and Verhelst 2016)
技术	CPU[a]	GPU[b]	65 nm	40 nm	65 nm LP	40 nm LP
门控数 (NND2)	-	-	912k	-	1852k	1600k
核面积 /mm²	-	-	1.31	1.41	12.25	2.4
片上 SRAM/KB	-	-	43	52(Reg)	181.5	144
MAC 单元数 (-)	-	-	196	2432(Eq.)	168	256
频率 /MHz	3700	852	500	240	200	204
峰值性能 / (GOPS)	118	365	196	898	67	102
平均性能 / (GOPS)	35	84	145	-	60	74
带宽 /bit	32 floa	32 floa	12 fied	8 fixed	16 fixed	1 ~ 16 progr.
滤波器 (-)	All	All	<7×7	<8 × 8	All	All
通道数 (-)	All	All	1 ~ 256	3, 16	1 ~ 1024	All
滤波器 (-)	All	All	1 ~ 256	16, 64	1 ~ 1024	All
层 (-)	All	All	All	2	All	All
步长 (-)	All	All	-	No	All	1 ~ 4 [h], all [v]
功率 @f_{nom}/mW	130 000	11 000	510	141	235 ~ 332	25 ~ 300
能量 / (GOPS/W)	0.15	8.6	437 ~ 803	6400	160 ~ 250	270 ~ 2750
(AlexNet) /mW	-	-	-	-	278	76
(AlexNet) /fps	-	-	-	-	34.7	47

a. E5-1620v2。
b. Tegra K1。

Moons 和 Verhelst（2016）的工作以标称速度在 AlexNet 的卷积层上实现了 47fps 的吞吐量，如果对系统进行了全面优化，则将消耗 76mW 或 1.6mJ/ 帧。因此，与 AlexNet 基准参考相比，这在能耗延时积（Energy-Delay-Product, EDP）上取得了 5 倍的提升。该处理器还允许根据网络要求调节能效。由于 DVAS 和稀疏保护，LeNet-5 在相同的标称 204MHz 时钟频率下仅消耗 25 ～ 33mW 或 1600 GOPS/W。目前只有该工作能够在标称的吞吐量下实现随网络变化的可调节能效。

5.3.4 Envision V1 回顾

Envision V1 是一款以 40nm 低功耗 CMOS 工艺制备的 DVAFS 精度可调节的 CNN 处理器，具有操作保护和存储保护功能。它的总有效面积为 2.4mm^2，在 1.1V 上以 204 MHz 的额定频率运行。

首先，该处理器是完全可用 C 语言编程的，并使用 256 个二维 MAC 阵列架构作为一个高效的卷积基础实现。这种二维架构可以将滤波器和特征图输入实现 16 倍的重用。FIFO 可以进一步减少至高达 1/27.8 倍的内部存储带宽。

其次，处理器通过调节精度和层间的 MAC 阵列电源电压来最小化能耗。这需要额外的舍入电路，分为两个电源域和一个先进的后端布局布线优化。当精度在 204MHz 的额定功率上从 16bit 降至 8it 或 4it 时，可调节电源电压从 1.1V 分别降至 0.9V 和 0.8V。在 AlexNet 的第 2 层，与全精度基准相比，这会导致 2.6 倍的增益。只需要 32 个舍入单元即可为 256 个 MAC 提供舍入的输入。

最后，通过避免 SRAM 组和 2D 阵列的翻转以及将数据压缩至 1/5.8，从而利用 CNN 的稀疏性。在 AlexNet 的第 2 层中，与精度和电压调节基准相比，稀疏度带来 2 倍的增益，而仅需要 32 个稀疏标志位即可潜在地避免 32 个 SRAM 组和 256 个 MAC 的翻转。

由于采用了这些技术，该芯片可以使任何 CNN 的能耗降至最低，就能耗 / 帧这个指标而言，比现有技术提高了 5 倍。通过这种方式，使得在电池供电设备上运行计算机视觉的低功耗、高性能应用成为可能。

但是，Envision V1 仅与 DVAS 兼容。如第 4 章所述，通过使其兼容 DVAFS，可以进一步提高相同架构的能耗可调节性。这项技术可以节省更多的能耗，尤其是在低精度工作点，因为它还减少了可能占主导地位的非计算开销（因而这些部分可能会成为主导部分）。5.4 节将讨论与 DVAFS 兼容的 Envision V2 的设计和评估。

5.4 基于 28nm FD-SOI 的 DVAFS 兼容的 Envision 处理器

5.2 节中介绍的基础处理器架构可以通过使其兼容 DVAFS 具备动态精度调节能力。如第 4 章所讨论的，一个 DVAFS 兼容的系统在低精度使用亚字级并行的基础模块。例如，当算法支持低计算精度时，一个 16 位乘法器可以被用来处理 2 个 8bit字。如果在这种情况下保持系统级吞吐量恒定，则可以对数字功率方程 $P = \alpha C f V^2$ 中的所有运行时可调节变量（α、f、V）进行调节以节省能耗。相对于仅允许以恒定吞吐量进行 α 和 V 调节的 DVAS 的主要优势在于，DVAFS 还可以最小化非计算开销。

图 5-15 给出了支持的不同工作模式以及其对处理器架构的影响的概述。使用与 Envision V1 相同的二维 MAC 架构，但是 Envision V2 支持 3 种操作模式：

1）默认的 DVAS 兼容的 1 ～ 16bit 操作模式，如 Envision V1。每个存储地址占 1 个 1 ～ 16bit 的字，每个 MAC 在每个周期处理 1 个字。

2）当精度下降至 8bit 以下时，可以使用 2 路亚字并行模式。每个存储地址包含 2 个 1 ～ 8bit 的字，每个 MAC 在每个周期处理 2 个字，在固定频率下实现等效 2 倍的吞吐量增加。

3）当精度下降至 4bit 以下时，可以使用 4 路亚字并行模式。每个存储地址包含 4 个 1 ～ 4bit 的字，每个 MAC 在每个周期处理 4 个字，在固定频率下实现等效 4 倍的吞吐量增加。

在模式 2 和模式 3 中，该芯片有效地利用了 CNN 中可用的 3 种数据重用方式：卷积、图像和滤波器重用（Chen 等人，2016）。在 Envision V1 中，只能利用卷积和图像重用，本节将进一步讨论在 28nm FD-SOI 中实现的 DVAFS 兼容的 Envision V2

的设计和评估。

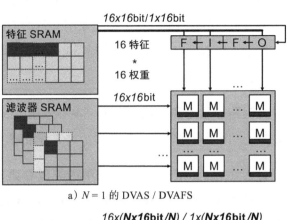

a）N = 1 的 DVAS / DVAFS

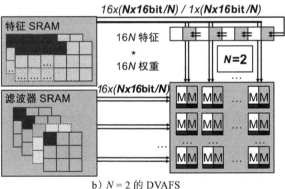

b）N = 2 的 DVAFS

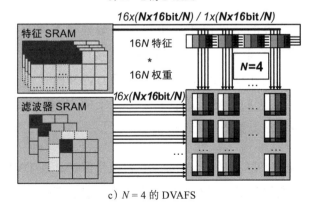

c）N = 4 的 DVAFS

图 5-15　Envision 中支持 3 种不同的模式。处理器中的每个 MAC 可以基于 1 个 1 ～
　　　　 16bit DVAS 输入进行计算，也可以基于 2 个 1 ～ 8bit 或 4 个 1 ～ 4bit DVAFS
　　　　 输入进行计算

5.4.1 RTL 级硬件支持

由于 DVAFS 兼容的基础模块需要在亚字级实现并行，因此必须对基础架构进行一些 RTL 级的更改。在 4.5.1 节中详细讨论了构建亚字并行的 DVAFS 乘法器所必需的修改。对于其他基础模块（例如 ALU 和多路选择器），将遵循其他策略，具体取决于基础模块的相对重要性。

根据修改方案对关键路径延迟和能耗的影响，本书采用了 3 种不同的策略来实现基础模块的亚字级并行。由于时序约束，仅使用了这 3 种策略。

1）使用 ASIP 设计者（Wu 和 Willems，2015）的类似 C 语言的 PDG 语言定义自定义模块。任何加法器类型的操作都遵循该策略，在这种情况下，这种高级语言修改的影响被认为是最小的，因为创建亚字级并行模块所需的修改是最小的。

2）逻辑加倍（不同硬件用于不同 DVAFS 模式）用于少数不经常使用但需要进行重大修改才能实现亚字级并行的模块。例如，处理器中的 ReLU 和最大池化（Max-Pool）模块。

3）所有乘法器和 MAC 都是在 Verilog-RTL 中定制构建的，以便进行高效的设计。

理想情况下，所有情况下都应该使用策略 3（最佳的手工设计的 RTL 亚字级并行模块），以最大程度地减少开销。

所有与 DVAFS 兼容的基础模块均由单个可编程状态寄存器控制，类似于与 DVAS 兼容的基础模块的策略。该状态寄存器直接应用到所有 DVAFS 算术模块，以支持重构。这样，处理器可以在 1 ~ 16bit 的 DVAS 模式和 4 个 1 ~ 4bit、2 个 1 ~ 8bit 的 DVAFS 模式之间切换。片上不包含针对不同操作模式的整理数据格式的电路和软件，这可能会在未来的工作中完成。

如在 5.2.3 节中讨论过的存储器读取保护和操作保护，在 DVAFS 中不能逐字实施，因为这会产生较大的开销。所有保护均在默认全字级别而不是亚字级别实施。

❑ 特别是在存储器中，单个地址最多可以包含 4 个不同的 4bit 字。在这样的实现中，只能以地址粒度而非亚字粒度执行存储器读取保护。

□ 在二维 MAC 阵列中，仅按每个 MAC 粒度而非亚字粒度对输入进行门控。

这大幅地降低了高度稀疏模型中获得能量增益的可能性。因为在 $4 \times 4bit$ 的情况下，在系统可以适当保护存储器读取和 MAC 操作之前，所有的 4 个字应为零。因此，在 Envision V1 中，可以保护每个零值字；在 Envision V2 中，只有在所有亚字均为零值的情况下才可以进行保护。

5.4.2　物理实现

为了构建成功的 DVAFS 实现，必须进行与 DVAS 中相同的修改：物理设计分为多个电源域和多模式后端优化，可确保 DVA（F）S 操作模式下的关键路径调节。由于此设计是在 28nm 的 FD-SOI 中进行的，其中可以通过调制衬底偏置电压来调节晶体管 V_t，同时还必须结合几个 FD-SOI 的特定操作。在这种情况下，每个电源域也是一个单独的衬底偏置域。

因此，完整的芯片存在于 3 个功率 / 衬底偏置域中：一个包含可变电压下所有 vas 的兼容 DVAFS 的基础模块；一个包含 nas 模块，例如控制逻辑块，以及 as 模块，例如数据传输块；最后一个域包含所有的存储器。该设计在不同的同时优化模式中针对 200MHz 典型操作进行了优化。

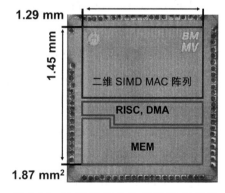

图 5-16 所示是制造的芯片的照片。该芯片在其 28 nm 工艺中需要 $1.9mm^2$ 的有源区域。图 5-16 中指示了不同的功率 / 衬底偏置域的位置。由于这样的划分，可以独立优化 3 个电源电压和 6 个衬底偏置电压（每个衬底偏置域 2 个）。

图 5-16　处理器的芯片照片和布局概况。该系统采用 28 nm FD-SOI 工艺的总面积为 $1.9mm^2$

5.4.3　测量结果

与 DVAFS 兼容的处理器可能会以低精度胜过 DVAS 可调节的处理器，这在 4.3

节的讨论中是显而易见的。本节讨论 Envision 中不同操作模式下的测量结果，并将
DVAS 和 DVAFS 模式进行对比。

1. DVA（F）S 模式下的性能

与代码 5-1 类似，一个未展开的 $5 \times 5 \times C$ 的卷积层以不同模式在处理器上以
76GOPS 的固定真实吞吐量运行。在全精度和 DVAS 模式中，整个系统的工作频率
被固定为 204MHz。在 DVAFS 中，在 9 ~ 16bit 的计算精度下工作频率为 204MHz，
在 5 ~ 8bit 的精度下为 102MHz，在 1 ~ 4bit 的精度下为 51MHz。在算数基础模块
级别，DVAFS 不会带来太大的收益。但是，在诸如 Envision 之类具有较大的 nas 开
销的系统中，DVAFS 以较低的精度减少了 nas 模块的开销，从而使系统在这些情况
下更加高能效。例如，在 Envision 的 DVAS 版本中，能耗主要来源于 1 ~ 4bit 精度
区域中的控制和存储开销。在 DVAFS 兼容的架构中，这些开销至少可以减少至 1/4。

图 5-17 所示的测量结果印证了这
些说明。这里显示了，相对于相同架
构中的 16bit 全精度情况，在固定的
76 GOPS 吞吐量下，每次操作的能量
与计算精度的关系。在 DAS 中，每操
作能耗仅比高精度情况下低 4/5。这是
由于此模式下的大量时钟、控制和存
储开销所致。另外，DAVS 电压调节
与全精度基准相比，能耗在 1bit 时可
以进一步降低至最多 1/8。在 DAVFS
中，通过在 1bit 低精度情况下使用 4

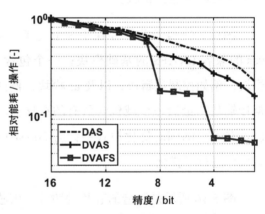

图 5-17　DAS、DVAS 和 DVAFS 模式下每个字
的相对能耗与计算精度的关系

路亚字级并行模式中的 MAC，可以以相同的字吞吐量减少其余的非计算开销。这
里，每个字的相对能耗与默认的 16bit 基准相比低至 1/20。

图 5-18 对 DVAFS 模式下 Envision 的性能进行了更详细的描述。在此，标称衬
底偏置操作下的电源电压和能效显示为不同 DVAFS 模式下所需吞吐量的函数。展示

的 1 × 16bit、2 × 8bit、4 × 4bit 的非稀疏模式和 4 × 3 ～ 4bit 的稀疏模式都在相同的
5×5×C 的基准层下进行度量。4 × 3 ～ 4bit 的稀疏模式被视为代表低精度常开任务。
权重量化为 3bit,激活值量化为 4bit,而由于量化和 ReLU 运算符,稀疏度在权重上
是 30%,在激活值上是 60%。在这种情况下,标称衬底偏置电压在标称电源电压下
不为零,而是选择对称的 +/−0.6V 衬底偏置电压,以便在标称电源电压下能够使用
204MHz 的标称工作频率。尽管这个设计已进行了优化设计,使其能够在标称电源
和零值衬底偏置下以 204MHz 的频率运行,但在测量设置中仍需要非零的标称偏置。
到目前为止,仍不清楚是什么原因导致在测量的过程中芯片运行的变慢。通过这些
测量可以清楚地看到,能效可以从 16bit 全精度的 1.05V 内核电压下的 0.33 TOPS/W
提高到 4 × 4bit 模式 0.66V 内核电压下 4 TOPS/W,和稀疏的 4 × 3 ～ 4bit 操作模式
0.62V 内核电压下 8TOPS/W。在低精度情况下,如果系统在 204MHz 下运行,则吞
吐量可以提高到 300 GOPS。在这种情况下,在默认的 4 × 4bit 模式下,能效下降到
2.5 TOPS/W,在稀疏的低精度模式下,能效下降到 6 TOPS/W。

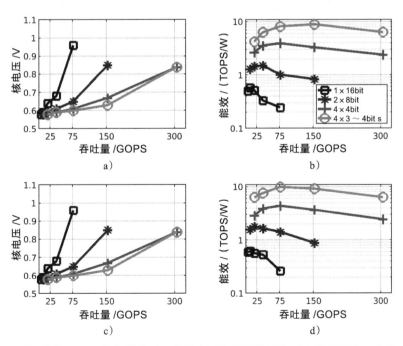

图 5-18　在不同 DVAFS 操作模式下,电源电压和能效是平均吞吐量的函数。a) 和 b) 处
　　　　于标称偏置,c) 和 d) 处于最佳偏置。最佳性定义为在给定吞吐量下能效最高

2.最优衬底偏置的影响

调节电路的衬底偏置直接影响其域中所有器件的阈值电压 V_t。降低 V_t 会呈指数地增加漏电功耗，但也会增加驱动电压 $V_{DD} - V_t$，因此会增加固定电源电压 V_{DD} 时的电路速度。V_t 的增加呈指数地降低了漏电功耗，并且不会显著改变动态功耗。同时，它也降低了驱动电压 $V_{DD} - V_t$，从而降低了电路速度。因此，根据电路的初始漏电功率与有功功率之比，衬底偏置允许以固定速度提高效率。如果维持相同的时钟频率，则在使用较低的 V_t 时降低电源电压 V_{DD}。如果系统功耗主要由动态功耗决定，则可以有效地提高能效。为了保持恒定的时钟速度，因此如果 V_t 增加，则 V_{DD} 应该增加。如果功耗主要来源于漏电，这仍可能带来全局能量增益。最佳 V_{DD} 和衬底偏置控制的 V_t 将在 $P_{leak} / P_{dynamic}$ 工作点之间变化，因此在这种情况下，将在不同的 DVAFS 工作模式下变化。

作为一种经验法则，式（5-1）和式（5-2）中描述的增益可能会在标称工作点附近，具体取决于所应用的衬底偏置类型（反向或正向）。如果通过正向偏置使 V_t 非线性降低至漏电增加 10 倍的程度，则在相同时钟频率下的电源电压可以降低 $\sqrt{2}$ 以上（或降低 30%）。因此，在这种情况下，总体功耗降低取决于漏电与动态功耗之比。如果初始漏电为 1% 左右，则该策略是合理的，并且会导致全局功耗降低：

$$P_{total} = \frac{P_{dyn}}{2} + P_{leak} \times 10 \qquad (5-1)$$

如果漏电接近 10%，全局功耗将增加，应避免采取该策略。在漏电和动态功耗平衡的情况下，反向策略可以降低功耗。如果通过反向偏置来增加 V_t，则漏电可能减少至 1/10，而如果电源电压增加大约 30%，则在相同时钟频率下的动态功耗将增加大约 1.7 倍。然后可以估算功耗如下：

$$P_{total} = P_{dyn} \times 1.7 + \frac{P_{leak}}{10} \qquad (5-2)$$

式（5-1）和式（5-2）代表的变量关系图如图 5-19 所示。从图 5-19 中可以明显地看出，仅当漏电功耗的百分比在 1% ～ 5% 时，正向衬底偏置才有意义。当动态功耗的贡献低于 50% 时，可以通过反向衬底偏置获得收益。通常，衬底偏置方法仅在极端情况下应用：当漏电占主导地位或动态功耗占主导地位时。

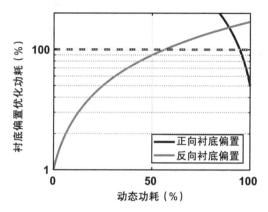

图 5-19　从标称工作点开始使用的 FD-SOI 中的衬底偏置一阶期望增益。期望增益在很大程度上取决于动态功耗与漏电功耗之间的比值

这种动态功耗调节特别适用于 Envision V2，因为其不同的工作模式具有不同的 P_{leak} / $P_{dynamic}$ 比值。因此，在不同的模式下，系统可以通过不同的衬底偏置和电源电压的组合进行不同的优化。在图 5-20a 中，功耗主要由动态翻转能耗决定。这为通过衬底偏置降低能耗提供了机

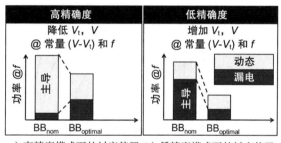

a）高精度模式下的衬底偏置 b）低精度模式下的衬底偏置

图 5-20　Envision 中的衬底偏置示意图

会。在低精度下，如图 5-20b 所示，能耗可由漏电主导。优化的衬底偏置策略可降低漏电，但动态功耗会略高一些。

图 5-18c 和 d 给出了使用最佳衬底偏置方案的完整测量结果。在高精度模式下，衬底偏置可降低电源电压，从而提高能效。在低精度模式下，通过降低这些模式下的漏电功耗可以提高能效。最终，这会导致 Envision 在稀疏的 4×3 ～ 4bit 工作模式下以 76 GOPS 的吞吐量测得峰值能量效率为 10 TOPS/W。

3. 在稀疏数据流上的性能

图 5-21 给出了稀疏数据操作对有效能效的一般影响。这里将 2×8bit 模式下 152 GOPS 吞吐量和 200 MHz 时的总功耗分为 3 个可单独测量的部分：二维 MAC 阵列、所有存储器和控制模块以及数据传输部分。整体的功耗也展示在了图 5-21 中。在图 5-21 中，特征输入流和权重输入流的稀疏度都从 0 增加到 100%。由于特征流上基于 FIFO 的数据流，存储部分的功耗主要来自权重和程序存储缓冲区。因此，特征稀疏性对存储的消耗的影响是有限的，然而在二维 MAC 中功耗仍然很高。

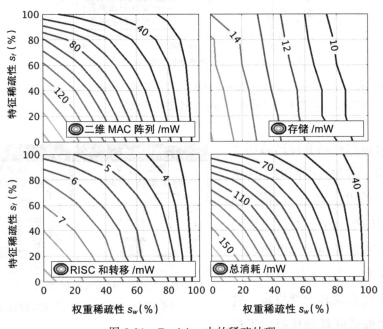

图 5-21   Envision 中的稀疏处理

4. 在测试基准集上的性能

在 3 个基准的卷积层上进一步测量了所提出技术对 Envision 能耗的综合影响：AlexNet（Krizhevsky 等人，2012）、LeNet-5（LeCun 等人，1998）和 VGG-16，其中 VGG-16 也被应用于分层人脸识别的最后阶段。所有测量结果如图 5-22 所示，并在指定的频率 $f = 204$MHz$/N$ 下进行测试，其中 N 是 DVAFS 中的亚字级并行度。更具体地说，图 5-22 显示了计算精度和稀疏度对电源电压、最佳衬底偏置、IO 压缩和功耗的影响。在全 16bit 精度下、200MHz 运行时、在所有电源域上均提供 +/−1.2V 的衬底偏置和 1V 的电源，功耗约为 290mW。在 LeNet-5 第 1 层的 $4 \times 1 \sim$ 3bitDVAFS 模式下，此功耗在 50MHz 时降低到 6mW 以下。在这种情况下，衬底偏置降低至 +/−0.4V，从而大大降低了漏电功耗。稀疏保护以及除存储电源域以外的所有器件上的高级电压调节功能，进一步降低了功耗。

层	权重/bit	输入/bit	并行模式/频率/MHz	权重稀疏度(%)	输入稀疏度(%)	权重带宽减少	输入带宽减少	mem/ctrl/2D/BB电压/V	MMAC/帧	能量/mW	效率/(TOPS/W)
精度	16	16	1x16bit/200	0	0	1.00x	1.00x	1/1/1/+-1.2	-	**290**	0.3
VGG l1	5	4	2x8bit/100	5	10	1.00x	1.03x	1/.65/.65/+-0.8	87	25	2.1
VGG l2	5	6	2x8bit/100	25	51	1.23x	1.81x	1/.65/.65/+-0.8	1850	31	1.6
VGG l3	5	6	2x8bit/100	33	30	1.36x	1.31x	1/.65/.65/+-0.8	924	35	1.5
VGG l4	5	6	2x8bit/100	40	30	1.51x	1.31x	1/.65/.65/+-0.8	1850	34	1.5
VGG l5	5	6	2x8bit/100	75	75	3.20x	1.84x	1/.65/.65/+-0.8	925	25	2.1
VGG l6	5	6	2x8bit/100	56	47	2.00x	1.69x	1/.65/.65/+-0.8	1850	27	1.9
VGG l7	5	6	2x8bit/100	55	47	1.95x	1.69x	1/.65/.65/+-0.8	1850	27	1.9
VGG l8	5	6	2x8bit/100	64	63	2.37x	2.31x	1/.65/.65/+-0.8	925	22	2.4
VGG l9	5	6	2x8bit/100	74	63	3.10x	2.31x	1/.65/.65/+-0.8	1850	22	2.4
VGG l10	5	6	2x8bit/100	73	61	3.00x	2.21x	1/.65/.65/+-0.8	1850	22	2.4
VGG l11	5	6	2x8bit/100	38	82	1.47x	4.12x	1/.65/.65/+-0.8	462	20	2.6
VGG l12	5	6	2x8bit/100	36	82	1.42x	4.12x	1/.65/.65/+-0.8	462	20	2.6
VGG l13	5	6	2x8bit/100	68	76	2.61x	3.31x	1/.65/.65/+-0.8	462	19	2.8
Total	-	-	-	-	-	-	-	-	15346	**26**	2
AlexNet l1	7	4	2x8bit/100	21	29	1.17x	1.30x	1/.65/.65/+-.8	104	37	2.7
AlexNet l2	7	7	2x8bit/100	19	89	1.15x	5.80x	1/.65/.65/+-.8	224	20	3.8
AlexNet l3	8	9	1x16bit/200	11	82	1.05x	4.10x	1/1/.85/+-1.2	150	52	1
AlexNet l4	9	8	1x16bit/200	4	72	1.00x	2.90x	1/1/.85/+-1.2	112	58	0.9
AlexNet l5	9	8	1x16bit/200	4	72	1.00x	2.90x	1/1/.85/+-1.2	75	62	0.8
Total	-	-	-	-	-	-	-	-	666	**44**	1.8
LeNet-5 l1	3	1	4x4bit/50	35	87	1.40x	5.20x	1/.65/.65/+-.4	0.3	_5.6_	13.6
LeNet-5 l2	4	6	2x8bit/100	26	55	1.25x	1.90x	1/.65/.65/+-.8	1.6	29	2.6
Total	-	-	-	-	-	-	-	-	1.9	**25**	3

图 5-22　Envision 在 LeNet-5、AlexNet 和 VGG-16 的卷积层的性能

图 5-23 给出了 AlexNet 第 2 层更详细的示例。它显示了精度调节（C）和稀疏性技术（B）对 Envision V2 上对此特定层的影响。在该层上没有任何优化，它以 $N=1$ 的模式运行，其中每个特征和权重均使用 16bit 表示。稀疏保护也是关闭的。在这种模式下，芯片的功耗为 290mW，吞吐量为 76 GOPS。但是，如果允许该特定层损失相对基准精度的 1%，则该层可以在 7bit 的精度下运行。在这种情况下，芯片可以在 $N=2$ 模式下运行，每个周期每个操作单元处理 2 个字。如果吞吐量保持恒定在 760 GOPS，则由于电压、活动和频率调节，这将导致能耗降低 5.4 倍。最重要的是，

AlexNet 第 2 层异常稀疏，在其特征流中稀疏度高达 90%。与未优化的基准相比，这可以额外减少能耗至 2/5，总计减少至 1/15。在其他层中，与 16bit 非稀疏运算相比，增益会更加有限，但仍然很明显。

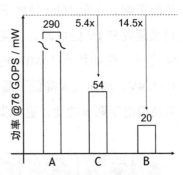

图 5-23　与数据流优化的基准（A）相比，利用稀疏性的增益（B）和低精度运算（C）带来的增益

此外，类似于第 2 章中讨论过的，Envision V2 也在分层面部识别中进行了基准测试，图 5-24 比较了在这种分层面部识别的各个步骤的卷积层上 Envision 的性能。多层次应用的不同步骤可在其各自的数据集上以不同的位宽实现高精度。然后，Envision 可以使用其 DVAFS 功能专门将这些情况的能耗降到最低。最小的网络 " face-vs-background " 和 "owner-vs-all" 足够小，因此它们完全适合在这款芯片上运行。

卷积网络	输入	网络拓扑 [+]	输出类别数	特征/bit	卷积/bit	FC/bit	尺寸/B	全连接尺寸/B	卷积能耗/μJ	准确率（%）
人脸 vs 背景	32x32x3	C3x32_C3x48_C3x64_F64_F64_F2	2	2～3	4	2	22k	34k	3	94
主人 vs 全部	32x32x3	C3x48_C3x64_C3x96_F96_F64_F3	3	3～4	4	3	42k	77k	6	96
10 类脸	32x32x3	C3x64_C3x128_C3x128_FC128_FC64_FC12	12	4～6	4	4	112k	135k	35	95
100 类脸	224x224x3	C5x128_C3x256_C3x256_C3x256_FC512_FC256_FC104	104	4～6	5	6	750k	3.3M	552	94
VGG-16	224x224x3	VGG-16	5760	5～6	6	7	15M	124M	23100	90=95

图 5-24　在大规模分层面部识别的不同子任务上，Envision V2 卷积层的能耗和实现的准确率与第 2 章的讨论类似

5. 与最先进方法的对比

图 5-25 和图 5-26 中将 Envision V2 和其他最先进的方法进行了对比。

	[Cav15a] GLSVLSI '15	[Che16] ISSCC '16	[Moo16] VLSI '16	**This work** **N = 1, 2 or 4**
技术	65nm CMOS	65nm LP CMOS	40nm LP CMOS	**28nm UTBB FD-SOI**
标称频率 /MHz，电压 @f_{nom}/V，峰值性能 / GOPS	500 1.2 Fixed 196	200 1 Fixed 67	200 1.1 Fixed 102	**200** **1** **Dynamic N x 102**
有效面积 /mm²，MAC 数，门控数（NAND- 2），片上 SRAM/kB	1.31 - 0.9M 43	12.25 168 1.852M 184.5	2.4 256 1.6M 144	**1.87** **Dynamic N x 256** **1.95M** **144**
层数，滤波器数（-）， 滤波器尺寸（-）	All <7x7	All 1-1024	All All	**All** **All**
计算精度 /bit	Fixed 12	Fixed 16	Dynamic 1~16	**Dynamic N x 1~16 / N**
AlexNet 卷积层 /mW， VGG 卷积层 /mW	- -	278 @ 34.7fps -	55-95, 76 avg. @ 47fps -	**20-62, 44 avg. @ 47fps** **19-35, 26 avg. @ 1.67fps**
动态功率区间 @ GOPS$_{nom}$/mW，最低 能效 /（TOPS/W），最 高能效 /（TOPS/W）	510 (1x) @ 145 GOPS 0.44 0.8	235-332 (1.5x) @ 46 GOPS 0.17 0.25	35-300 (8.5x) @ 80 GOPS 0.27 2.6	**7.5-300 (40x)** **@ 76 GOPS** **0.26** **10**

图 5-25　Envision V1 和 V2 与该领域已有工作的对比

根据层的稀疏性、层的拓扑和其所需的精度，Envision 可将 AlexNet 卷积层的效率扩展到 0.8 ～ 2.8 TOPS/W。这应与 40nm DVAS 兼容版本的 Envision 中的 0.16 TOPS/W（Chen 等人，2016）、0.56 ～ 1.4 TOPS/W 和 0.2 ～ 1.1 TOPS/W（Moons 和 Verhelst，2016）进行对比。VGG-16 卷积层的效率平均为 2 TOPS/W，在稀疏的 4×4bit 层上，最高效率为 10 TOPS/W。此外，与 Envision V1 之外的任何其他参考文献不同，Envision 的 DVAFS 版本是唯一可以根据计算精度和稀疏性显著调节功耗的版本。

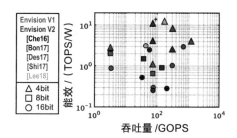

图 5-26　吞吐 – 效率 – 计算精度平面上最先进的 CNN 加速器的可视化表示。就最大能效而言，Envision V2 的性能比 V1 高出 4 倍，+ 表示对稀疏数据流上进行测量，所有其他测量均在非稀疏流上

该芯片允许从全精度基准到低精度稀疏模式进行全局 40 倍的区间内做平衡。这进一步说明了 Envision 芯片可以根据其系统级的要求将任何 CNN 的能耗降至最低的能

力。因此，该芯片可实现常开的分层识别应用。

5.4.4　Envision V2 回顾

Envision V2 是一种采用 28nm FD-SOI 工艺制造的具有操作保护和存储保护的精度可调节 CNN 处理器。

首先，处理器是完全可用 C 语言编程的。它使用可重构的 256 ～ 1024 二维 MAC 阵列结构作为高效的卷积基础实现。这种二维结构允许固有的 16 倍重用滤波器权重和特征图输入。FIFO 进一步将内部存储带宽至多减小 27.8 倍。

其次，处理器通过使用 DVAFS 原理逐层调节 MAC 阵列中的精度和电源电压，从而最大程度地降低了能耗。这需要额外的舍入电路，与亚字级并行的 DVAFS 兼容的基础模块，分为 3 个电源域以及先进的后端布局布线优化。与仅使用 DVAS 的系统相比，DVAFS 的能效得到了更大的提高，因为该技术可以最小化所有非计算开销，否则这些开销将在那些模式下占主导地位。当以 76GOPS 恒定吞吐量从 1×16bit 减小至 2×8bit 或 4×4bit 时，可调节的电源电压可以从标称衬底偏置电压的标称 1V 分别降低到不同衬底偏置电压下的 0.65V。在 AlexNet 的第 2 层中，与全精度基准相比，这可以带来 5.4 倍的增益。

最后，通过避免 SRAM 组和二维阵列翻转活动以及将数据压缩到 5.8 倍来利用 CNN 的稀疏性。与精度和电压调节基准相比，在 AlexNet 的第 2 层中，稀疏性导致 2.7 倍的增益，而仅需要 32 个稀疏标志位来潜在地避免 32 个 SRAM 组和 256 个 MAC 的翻转活动。

由于采用了这些技术，该芯片可以将任何 CNN 的能耗降至最低，在 Envision V1 中使用 4bit 操作在能量/帧这个指标上显示出比现有技术高 4 ～ 10 倍的性能，并且比 2017 年的另一个方案（Shin 等人，2017）至少提升了 20%。在 AlexNet 第 2 层上与相同架构的非稀疏全精度操作相比，Envision V2 可以减少 14/15 的能量消耗。在恒定吞吐量下，最大理论增益因数高达 40 倍，这一结论可被第 2 章介绍的分层系统有效利用。基于此，该芯片使得在电池供电的设备实现低功耗、高性能的计算机视觉应用成为可能。

5.5　小结

本章讨论了两代能耗可调节的 CNN 处理器的设计和测试。这些处理器可以提供在并行二维 MAC 阵列架构中的高能效基准；CNN 应用的稀疏性；计算精度要求，最大程度地降低能耗。

1）采取 FIFO 的二维 MAC 阵列可以提高吞吐量，同时最大程度地减少片上存储的带宽。每个周期仅需获取 32 个字，从而每个周期生成 256 个输出。二维系统的性质允许以有限的能耗有效地舍入和保护阵列的输入。

2）最后，Envision 利用了稀疏的权重和特征输入流来进一步降低能耗。单独的片上存储包含带有稀疏信息的标志位，这些标志位用于有效地控制二维阵列中的存储器读取和 MAC 操作。在 Envision 中，如果输入数据流稀疏度为 50% ～ 90%，则可以额外提高 2 ～ 2.7 倍的能效。

3）两种版本的架构都可以逐层动态地调节所使用的计算精度，并相应地调节能耗。在 V1 中，这是通过 DVAS 方法实现的，该功能以较低的计算精度调节二维 MAC 阵列上的电源电压。在 V2 中，通过使用亚字级并行架构，并因此与 DVAFS 兼容而扩展了这一点，从而大大提高了能耗和精度的折中范围。由于 DVAFS 技术还减少了所有非计算开销（例如控制、数据传输和 SRAM 能耗）的影响，更低的精度要求使得能效进一步提升。通过 DVA（F）S，对 1bit 操作数进行操作的效率比 16bit 全精度基准高 8 倍（20 倍）。对于某些应用，这可能并不会导致系统级精度的损失。

图 5-26 显示了吞吐量 – 能效空间中的 Envision V1 和 V2 以及一些最近的参考工作。Envision V2 是执行 4bit 操作时能效最高的方法之一，尽管数据流比较稀疏，但是与同等吞吐量的 Envision V1 相比可以高出 4 ～ 10 倍，与更低吞吐量的方法相比，Envision V2 与已有最先进的方法相比高出至少 20%。Lee 等人（2018）将 CNN 的权重以 1 ～ 16bit 实现，其在很高的有效吞吐量的情况下显示出了最高的 4bit 操作的能效（高达 11.6 TOPS/W）。同样的芯片在全 16bit 精度下也十分具有竞争力，在 16bit 精度和 43 GOPS 吞吐量时可以获得 3.06 TOPS/W 的能效。

参考文献

Albericio J, Judd P, Jerger N, Aamodt T, Hetherington T, Moshovos A (2016) Cnvlutin: ineffectual-neuron-free deep neural network computing. In: International symposium on computer architecture (ISCA)

Cavigelli L, Gschwend D, Mayer C, Willi S, Muheim B, Benini L (2015a) Origami: a convolutional network accelerator. In: Proceedings of the 25th edition on Great Lakes symposium on VLSI, pp 199–204

Cavigelli L, Magno M, Benini L (2015b) Accelerating real-time embedded scene labeling with convolutional networks. In: Proceedings of the 52nd annual design automation conference

Chen Y, Luo T, Liu S, Zhang S, He L, Wang J, Li L, Chen T, Xu Z, Sun N, et al (2014) DaDianNao: a machine-learning supercomputer. In: Proceedings of the 47th Annual IEEE/ACM international symposium on microarchitecture, pp 609–622

Chen YH, Krishna T, Emer J, Sze V (2016) Eyeriss: An energy-efficient reconfigurable accelerator for deep convolutional neural networks. ISSCC Dig of Tech papers, pp 262–263

Chippa VK, Venkataramani S, Chakradhar ST, Roy K, Raghunathan A (2013) Approximate computing: an integrated hardware approach. In: Proceedings of the Asilomar conference on signals, systems and computers, pp 111–117

Du Z, Fasthuber R, Chen T, Ienne P, Li L, Luo T, Feng X, Chen Y, Temam O (2015) ShiDianNao: shifting vision processing closer to the sensor. In: International symposium on computer architecture (ISCA), pp 92–104

Han S, Liu X, Mao H, Pu J, Pedram A, Horowitz MA, Dally WJ (2016) EIE: efficient inference engine on compressed deep neural network. In: International symposium on computer architecture (ISCA)

Huffman DA, et al (1952) A method for the construction of minimum-redundancy codes. Proc IRE 40(9):1098–1101

Knag P, Chester L, Zhang Z (2016) A 1.40 mm^2 141mW 898 GOPS sparse neuromorphic processor in 40 nm CMOS. In: Proceedings of the IEEE symposium on VLSI circuits, pp 180–181

Krizhevsky A, Sutskever I, Hinton GE (2012) Imagenet classification with deep convolutional neural networks. In: Proceedings of advances in neural information processing systems, pp 1097–1105

LeCun Y, Bottou L, Bengio Y, Haffner P (1998) Gradient-based learning applied to document recognition. Proc IEEE 86(11):2278–2234

Lee J, Kim C, Kang S, Shin D, Kim S, Yoo HY (2018) UNPU: a 50.6 tops/w unified deep neural network accelerator with 1b-to-16b fully-variable weight bit-precision. In: International solid-state circuits conference (ISSCC)

Moons B, Verhelst M (2016) A 0.3–2.6 TOPS/W precision-scalable processor for real-time large-scale convNets. In: Proceedings of the IEEE symposium on VLSI Circuits, pp 178–179

Moons B, Uytterhoeven R, Dehaene W, Verhelst M (2017) Envision: a 0.26-to-10 TOPS/W subword-parallel dynamic-voltage-accuracy-frequency-scalable convolutional neural network processor in 28nm FDSOI. In: International solid-state circuits conference (ISSCC)

Motamedi M, Gysel P, Akella V, Ghiasi S (2016) Design space exploration of FPGA-based deep convolutional neural networks. In: Proceedings of the 21st Asia and South Pacific design automation conference (ASP-DAC), pp 575–580

Rahman A, Lee J, Choi K (2016) Efficient FPGA acceleration of convolutional neural networks using logical-3D compute array. In: Proceedings of the design, automation & test in Europe conference & exhibition (DATE), pp 1393–1398

Reagen B, Whatmough P, Adolf R, Rama S, Lee H, Lee SK, Hernandez-Lobato JM, Wei

GY, Brooks D (2016) Minerva: enabling low-power, highly-accurate deep neural network accelerators. In: Proceedings of the ACM/IEEE 43rd annual international symposium on computer architecture (ISCA)

Shin D, Lee J, Lee J, Yoo HJ (2017) 14.2 DNPU: an 8.1 TOPS/W reconfigurable CNN-RNN processor for general-purpose deep neural networks. In: 2017 IEEE international solid-state circuits conference (ISSCC). IEEE, New York, pp 240–241

Suda N, Chandra V, Dasika G, Mohanty A, Ma Y, Vrudhula S, Seo Js, Cao Y (2016) Throughput-optimized openCL-based FPGA accelerator for large-scale convolutional neural networks. In: Proceedings of the 2016 ACM/SIGDA international symposium on field-programmable gate arrays, pp 16–25

Vanhoucke V, Senior A, Mao MZ (2011) Improving the speed of neural networks on CPUs. In: Deep learning and unsupervised feature learning workshop at advances in neural information processing systems

Wu B, Willems M (2015) Rapid architectural exploration in designing application-specific processors. In: ASIP designer whitepaper

第 6 章

BinarEye：常开的数字及
混合信号二值神经网络处理

6.1 二值神经网络

6.1.1 简介

如第 1 章和第 3 章所述，尽管卷积神经网络（Convolutional Neural Network，CNN）是现今最先进的深度学习算法，但是 CNN 的计算成本高，难以部署在可穿戴、电池受限的设备中。为降低 CNN 的计算及存储资源占用，一个有效的方法是降低网络权重和激活值的精度。低精度的运算操作可以降低算数运算的计算开销和控制逻辑的相对开销，尤其是在使用动态电压精度频率调节（见第 4 章）等技术的情况下。降低 QNN 的权重及激活值的精度同样也可以潜在地降低系统的内存占用：每个存储字的位数越少意味着对片上存储的要求越低，以及与主存之间更少的通信开销。第 3 章介绍了如何为多个测试基准集选择最佳的位数。BinaryNet（Hubara 等人，2016）是一种将所有权重及激活值限制为 $+/-1$ 的网络，也是 QNN 的最终形式，因此可以节省大量能耗从而用于超低功耗需求的应用。

在 BinaryNet 中，数字位 $1b'0$ 代表数字 -1，而数字位 $1'b1$ 代表数字 $+1$。如 3.4 节所述，在训练阶段，浮点权重与激活值用于计算所有参数的梯度。而在前向传播阶段，相比于基准浮点操作，BinaryNet 可以减少 1/32 的内存大小及访存，同时可以将内部所有的浮点数操作用位操作代替。显而易见，由于 1bit 权重及激活值的建模能力较差，BinaryNet 相比于对应的高精度网络应该更宽、更深。第 3 章详细研究了这种精度与功耗方面的折中。

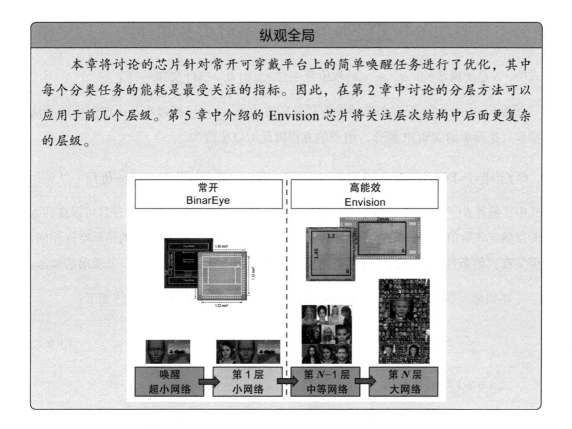

6.1.2　二值神经网络层

与任何深度神经网络一样，BinaryNet 由一系列 CONV-、FC-、ACT-、最大池化层及批归一化层组成。但是，与高精度神经网络相比，BinaryNet 中这些层使用的算子可以显著简化。

如第 1 章所述，一个**卷积层**（CONV Layer，CONVL）通过多个单元将输入特征图（I）转换为输出特征图（O）。一个输出特征图（$M \times M \times F$）中的每个单元通过一个滤波器 $W[F]$($K \times K \times C \times 1$) 连接到输入特征图的一个局部单元块上（$K \times K \times C$）。

该滤波器来自一个滤波器组 $W(K \times K \times C \times F)$，而该滤波器组存在于一组可以通过机器学习获得的权重和每个输出特征图对应的偏置（B）中。下面的方程给出了上述过程的标准数学描述：

$$O[f][x][y] = \sum_{c=0}^{C} \sum_{i=0}^{K} \sum_{j=0}^{K} I[c][Sx+i][Sy+j] \times W[f][c][i][j] + B[f] \quad (6-1)$$

式中，S 是滑窗步长；x、y、f 的取值范围是 $x, y \in [0, \cdots, M]$ 及 $[0, \cdots, F]$。

因为 BinaryNet 所有内部的权重及激活值均为 $+/-1$，所以在这个空间中的乘法操作只是简单的 XNOR 操作。前面的方程因此可以化简为

$$O[f][x][y] = \text{POPCOUNT}^{C,K,K} \text{XNOR}(I[c][Sx+i][Sy+j], W[f][c][x][j]) + B[f] \quad (6-2)$$

式中，偏置 $B[f]$ 和输出 $O[f][x][y]$ 都是在一定范围内的有符号整数，并且可以在训练阶段确定该数值范围；POPCOUNT 操作的求和结果空间与式（6-1）的结果空间相同，但是在二值条件下，该操作可以被简化为一个简单的计数器而不是一个通用的加法。

类似地，在**全连接**（Fully Connected，FC）层，标准的神经元操作如下：

$$O[z] = \sum_{m=0}^{M} W[z,m] \times I[m] + B[z] \quad (6-3)$$

式（6-3）可被替换为

$$O[z] = \text{POPCOUNT}^{M} \text{XNOR}(W[z,m], I[m]) + B[z] \quad (6-4)$$

因此，这里的神经元算子使用和 CONVL 完全一样的算子。唯一区别是在权重复用方面：FC 层所有的权重只会被使用一次。

这个滤波器组计算出来的局部和接下来被传递至一个**非线性层**。在一个最先进的神经网络中，这个非线性层通常为一个典型的整流线性单元（Rectified Linear Unit，ReLU），该单元使用的激活函数为 $a(u) = \max(0, u)$，其中 u 是特征图单元。在 BinaryNet 中，这个激活函数被化简为一个硬双曲正切函数，该函数在二值网络的前向传播阶段被简化为求符号函数：

$$a(u) = \text{sign}(u) \qquad (6\text{-}5)$$

式中，u 仍为特征图单元。

值得指出的是，数字电路中求符号函数极易实现，只需要读取特征图 u 的最高有效位（符号位）即可。

　　最大池化层如图 6-1 所示，该层计算并输出一个特征图输出数据局部块（局部块大小的典型值是 2×2 或 3×3）的最大值。因此，最大池化层可以降低特征图的表征维度并且保证对输入小偏移和失真的不变性。

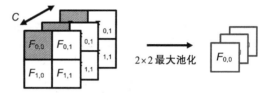

图 6-1　最大池化的可视化解释

在一个二值特征图中，激活函数后的输出值被限制为 +/−1，因此最大池化操作可以被简化为检查池化块中是否有数据为 1（或与数字 1'b1 相等）。最大池化可以通过数字逻辑中的 N 路或逻辑实现。这种实现方法对于 2×2 或 3×3 的池化块而言是代价很小的操作方式。

　　最终，如第 1 章所述，BinaryNet 需要进行**批归一化**操作（Ioffe 和 Szegedy，2015），该操作可以防止过拟合并确保训练过程既快又好地收敛。批归一化将后续层的输入进行归一化以降低可能出现的较大的内部协变量偏移。根据当前批的数据特征完成批归一化的操作。批归一化层 y 的输出可表示为

$$y = \frac{x - \mu}{\sqrt{\sigma^2 + \epsilon}} \gamma + \beta \qquad (6\text{-}6)$$

式中，x 和 y 是批归一化层的输入与输出；μ 是当前批数据的均值；σ 是当前批数据的标准差；ϵ 是一个保证数据稳定性的因数；γ 和 β 是可训练的偏移因数。

　　这里用到的算子全部都不具有内在的二值性，也就是说批归一化的执行有对于内部浮点操作的潜在需求。幸运的是，由于 BinaryNet 中使用的是取符号激活函数，那么如果批归一化层紧随在一个卷积层的后面，就不需要在运行时计算批归一化操作。批归一化层产生的影响可以在运行时嵌入到前一个 CONVL 中。下面将介绍这

一过程。

首先，批归一化过程本身可以被化简为

$$y = (xK) + (\beta - \mu K)$$

$$K = \frac{\gamma}{\sqrt{\sigma^2 + \epsilon}}$$

（6-7）

小贴士

批归一化在 BinaryNet 中并不需要浮点操作。在前向过程中，"NNL– 批归一化层 – 取符号 / 硬正切激活函数"的操作序列可被一个与"等效 NNL– 取符号、硬正切激活函数"等价的操作序列进行替换。这个等效形式可以在网络训练后、部署模型之前进行离线计算。

当在二值神经网络或普通的量化神经网络中使用批归一化时，注意不要使用如 Keras 及 TensorFlow 等框架提供的标准设置。和对应的浮点网络相比，量化神经网络需要更小的动量。对于量化神经网络而言，使用 ϵ=0.0001 以及动量 =0.1 替换默认的 0.99 已经被实验证实是一种更好的方案。

其中，第二项是一个可以在离线训练阶段进行计算并确认的偏置项，并且可以在测试阶段归并到 CONVL 或 FCL 的计算中。然后，完整的偏置等于：$\beta_{EQ} = \beta_{CONV} + \beta_{BN}$。如果一个批归一化操作紧接在一个全二值化 CONVL 或 FCL 后，并且后续接着一个硬双曲正切 / 取符号激活函数，那么这个批归一化的操作可以合并归入到前一层的权重或偏置中。序列"NNL– 批归一化层 – 激活函数"的输出可以被式（6-8）所示的过程进行替换。其中，$a(y)$ 是作用在 y 上的硬正切激活函数，批归一化层接受输入 x 并计算输出，x 是一个权重为 W、偏置为 b 的神经网络层计算出来的输出特征图。

$$
\begin{aligned}
A(y) &= \mathrm{sign}(y) \\
&= \mathrm{sign}(xK + (\beta - \mu K)) \\
&= \mathrm{sign}(W \cdot a_{i-1}K + (\beta - (\mu - b)K))
\end{aligned}
$$

$$= \text{sign}\left(|K| (\text{sign}(K)W) \cdot y_{i-1} + \left(\frac{\beta}{|K|} - (\mu - b)\text{sign}(K) \right) \right)$$

$$= \text{sign}\left((\text{sign}(K)W) \cdot y_{i-1} + \left(\frac{\beta}{|K|} - (\mu - b)\text{sign}(K) \right) \right) \qquad (6\text{-}8)$$

$$= \text{sign}(W_{\text{EQ}} \cdot y_{i-1} + \beta_{\text{EQ}})$$

因此，通过计算每一层等效权重集 $W_{\text{EQ}} = \text{sign}(K) \times W$ 和等效偏置 $\beta_{\text{EQ}} = \dfrac{\beta_{\text{BN}}}{|K|} + (b - \mu) \times$

$\text{sign}(K)$，批归一化操作就可以被嵌入到神经网络层的偏置和权重中。因为只有 BinaryNet 使用取符号 / 硬正切激活函数，因此这种技巧只适用于 BinaryNet 而不适用于通用的量化神经网络。

除了普通的 BinaryNet，基于相同思想的一些扩展方法也被提出，可以在如 IMAGENET 这类大规模的基准数据集上达到更好的效果（Rusakovsky 等人，2015）。在二值权重网络中（Courbariaux 等人，2015），只有权重被量化为 1bit。在这类网络中，由于具有很大的输入特征图，因此并不能在能耗 – 准确率空间中优于完全量化的 BinaryNet（Moons 等人，2017a）。BinaryNet 的训练设置同样可以被泛化至 TernaryNet（Zhu 等人，2016）、非线性训练 – 聚类量化（Han 等人，2016）和最终量化神经网络（Moons 等人，2017a）中。BinaryNet 本身也向着 XNOR-Net 的方向进行完善，以在 IMAGENET 这类数据集上达到更高的准确率。在 XNOR-Net 中，核心的 CONVL 同样以二值精度完成计算，但是这些二值精度在操作后需要接一个仿射变换。但是，该算法需要根据输入特征图的浮点数值即时计算这些缩放因数，且这些计算都以浮点精度执行。如 Moons 等人（2017a）、Sze 等人（2017）及第 3 章的讨论，XNOR-Net 同样需要存储高精度的中间特征图数据，由此引入了很高的代价。虽然目前尚不清楚普通的 BinaryNet 在能耗 – 准确率空间如何与 XNOR-Net 相比，但是由于 XNOR-Net 增加了浮点计算的复杂度，因此较不适合用于常开随时唤醒的应用。

6.2　二值神经网络应用

迄今为止，普通的 BinaryNet 并未被证实在大规模图像识别挑战〔如 IMAGENET

（Russakovsky 等人，2015）] 中具有有效性。但是，在一些简单的任务上，BinaryNet 确实可以达到在最先进水平合理范围内的高准确率，例如用于手写体数字识别（LeCun 和 Cortes，1998）准确率可达 98.5%、10 类任务分类（Krizhevsky 和 Hinton，2009）在 FPGA 上实现准确率可达 88%（Zhao 等人，2017）以及一些作者自己定制设计的任务：如人脸检测、物主识别、10 类人脸识别和角度识别（Moons 等人，2018，2017c）。这类应用，结合 BinaryNet 在低功耗运行方面的潜能，使 BinaryNet 非常适合用在电池受限的设备中，这类设备可以将常开的手势、面部、物主及角度识别作为屏幕或应用处理器的唤醒传感器。在当前工业开发中，一个具体的未来应用场景是在智能手机正面的常开照相机。这个照相机装备识别硬件，可以追踪用户的面部和角度，从而实现自动旋转的功能而不必完全依赖于加速度计的数据。此类设备的下一代硬件可以使用应用 BinaryNet 的 ASIC。

图 6-2 展示了在应用及其相关平台空间中 BinaryNet 的用处。该空间的 y 坐标轴表示能效：一个系统可以在每焦耳能耗下执行的分类次数。x 坐标轴则更抽象地从广义上表示了与性能相关的所有量化指标：测试基准集准确率及吞吐量。为了实现这一点，网络对于带宽和处理能力的需求也会进一步增加。在这个空间中，还需要区分 3 个区域，每个区域都具有各自的能效，该能效相当于在实时处理中的功率预算。在用于网络训练和大规模云工作负载的 HPC 系统（例如 GPU 和 TPU）中可实现最高性能，将这些系统用于大网络计算时，每个分类消耗数百 mJ，这些系统的功率预算可以达到几百瓦。第 2 类是移动设备，如智能手机和自动驾驶汽车，这类设备的功率预算是几瓦。相比于 HPC 这一类，为了使系统能够处在该功率预算范围内，移动设备通常会保持较高的准确率而降低吞吐量。第 5 章介绍的 Envision 处理器就面向这类区域。最后一类在 1 mW 的功率预算内完成常开任务的执行。为了实现这一点，吞吐量和准确率与前两类相比都应降低，这使得 BinaryNet 非常适合这类场景。这幅图进一步展示了 BinaryNet 的潜力、所设计 ASIC 的目标性能以及一些典型的应用示例，本书将在 6.5 节对后者进行进一步的讨论。

纵观全局
BinaryNet 是仅针对 1 bit 算子而训练的。因此它们是第 3 章讨论的量化神经

网络的一个特例。

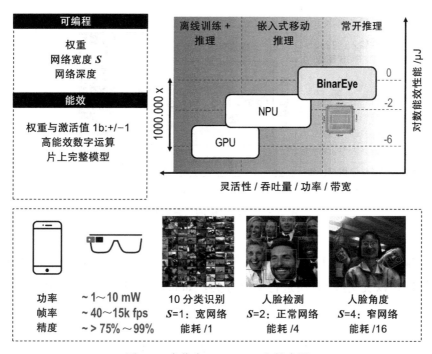

图 6-2　定位在 BinaryNet 上的应用

6.3　可编程的输入到标签的加速器架构

图 6-3 展示了本章讨论的视觉唤醒 ASIC 架构的顶层架构。该 ASIC 从外部来源获取原始的 32×32 的 RGB 图像块作为输入，并输出一个分类标签。该芯片执行端到端或输入到标签（Input-to-Label，I2L）的计算，因为在此过程中所有的计算都在片上执行，而且除了输入/输出（I/O）数据和一些控制信号，与外界或外部存储器没有任何交互。此 I2L 操作与目前发表的类似系统（Biswas 和 Chandrakasan，2018；Gonugondla 等人，2018；Khwa 等人，2018；Chen 等人，2018）有很大的不同，后者严重依赖于与片外存储的通信或仅实现整个神经网络中的一些部分。图 6-3 还显示

了一些来自用于设计与测试芯片的测试基准集——CIFAR-10（Krizhevsky 和 Hinton，2009）的例子。

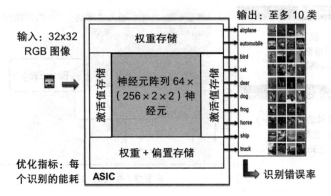

图 6-3   芯片架构的系统级概述

为了能够支持这类 I2L 操作，该芯片必须支持二值 CONVL 和最大池化层来进行特征提取，以及支持 FC 层进行最终分类。如 6.1 节所述，批归一化通过将权重矩阵 W 和偏置 β 转化为等效形式 W_{EQ} 和 β_{EQ} 来进行支持。

目标 BinaryNet 网络的主要工作负载集中在 CONVL 中，因此，实现这部分（CONVL）功能的硬件将占用芯片的最大面积。图 6-3 展示了这些层的基本思想。该芯片由一个 64 个可重构二值神经元的阵列构成，该阵列的北侧和南侧共有 259 kB 的权重 SRAM 来存储完整的模型，并且在西侧和东侧两个 32 kB 的特征图 SRAM 分别存储完整的特征图。每个神经元是式（6-2）中三重求和的硬连线实现。在分类过程中，特征图在阵列上进行处理，并且在层与层之间从东到西和相反方向进行数据的往复交换。北侧和南侧的权重存储器用来更新一层网络或层到层中的神经元阵列中的权重和偏置值。图 6-3 并没有展示支持 FC 层所需要的任何控制逻辑或额外的存储与硬件。本章剩余的部分将讨论该芯片的具体操作方式。6.3.1 节将讨论 256X：一个固定的基础架构，该架构将用在 6.4 节介绍的最终的混合信号芯片实现中。6.3.2 节将讨论 SX：一个由第 4 章 DVAFS 思想发展过来、在 256X 基础上更灵活的拓展。

6.3.1　256*X*：基础的 BinaryNet 计算架构

根据式（6-1），图 6-4 展示了在 256*X* 中执行的卷积操作。每一层都是一系列尺寸为 $F \times k \times k \times C$ 的滤波器，这些滤波器在一个 $W \times H \times C$ 的输入特征图上完成卷积运算。在 256*X* 架构中，为化简存储与计算之间的逻辑电路和互连的接口，F、C 和 k 几个参数设置为常数值，从而以牺牲一定灵活性为代价来最大限度地提高系统能效。在每一层，F 和 C 被固定为 256，卷积核尺寸 k 固定为 2。这意味着每一个神经元（卷积核）包含 1024 个权重，相当于 128 B，因此每层需要 32 kB 的权重存储资源。输入特征图的尺寸被限制为 $W, H \leqslant 32$，该限制对这里的目标场景（如人脸检测的唤醒类应用）来说是足够的。在整个网络中，由于采用无填充的卷积操作和最大池化层，中间特征图的尺寸逐层减小。

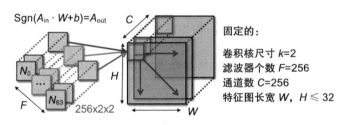

图 6-4　二值神经元操作和基础网络架构

图 6-5 展示了 256*X* 计算架构的整体概述。该架构是 64 个权重可编程神经元组成的硬连线阵列，该阵列被控制单元、驱动、解码器和权重激活值存储器所包围。此外，片上芯片是一个对二值生成特征图进行 FC 分类的独立单元。该芯片和外部环境通过一个串行外设接口（Serial Peripheral Interface，SPI）进行连接，该接口允许存储所有的配置位和网络指令。权重缓存在启动阶段通过一个独立的扫描接口进行写入。输入像素的每个颜色被量化到 85 级（6.4*b*×）并通过 16 bit 的并行输入总线输入到芯片中。接着，输入图片在芯片上被解码，为了适应到有 256 个通道的二值特征图格式，每个 RGB 通道数据被解码为 85 通道色温格式数据，该部分内容将在接下来的内容中进行讨论。最终，FC 层生成的输出标签将通过 4bit 总线传输到外界。本节将讨论每一个处理块的操作。

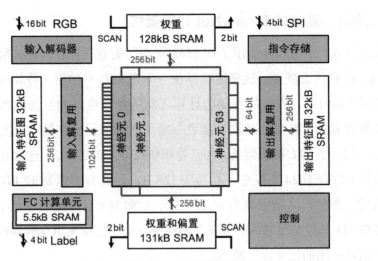

图 6-5   完整的 256X 计算架构概述

1. 神经元阵列、权重更新和输入输出解复用

图 6-6 和图 6-7 聚焦在二值神经元和神经元阵列操作模式中的更多细节上。

图 6-6 是式（6-2）核心操作的逻辑实现方法。图 6-5 中 64 个神经元中的每一个都硬连线地表示为所示的结构上。该神经元是一列 XNOR 的 1 bit 乘法器，神经元后紧接着一个将所有乘积和 9 bit 滤波器偏置结合在一起的 POPCOUNT 操作单元。在滤波结果写回特征图存储之前，完整的 11 bit 求和结果通过一个求符号函数得到激活结果。因为一个神经元是在整个输入图上进行卷积运算，所以权重可以被复用，所有的权重存储在本地的一组 1024 个存储单元中，这些存储单元可以是锁存器或是触发器。由于这种本地存储的特性，输入层的神经元权重可以被重用至多 $W \times H = 1024$ 次。由于 POPCOUNT 操作符将超过 1024 个输入位结合在一起，它将占据神经元计算的主要能耗。

因此，6.4 节将讨论在模拟域高效实现 POPCOUNT 的具体方法。6.6 节将展示模拟计算电路的计算效率比传统数字实现方式高 4.2 倍。

图 6-7 展示了这些神经元在阵列中是如何进行物理实现的以及它们怎样和周围的权重与特征图存储进行连接。北侧的权重存储将权重提供给神经元权重触发器的上半部分，而南侧存储则提供给下半部分。因此，北侧存储包含第 128 ~ 255 通道

的权重数据，而南侧存储包含第 0 ～ 127 通道的权重数据和偏置。

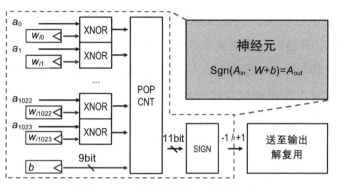

图 6-6　一个硬连线的二值神经元

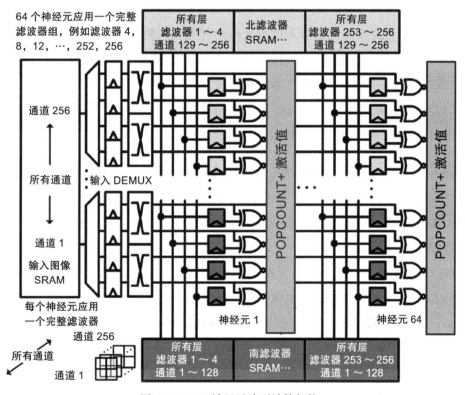

图 6-7　256*X* 神经元阵列计算架构

神经元阵列仅包括 64 个神经元，但是每一个网络层的神经元超过 256 个。因此，每个网络层被分割为 4 组，各组卷积以时分复用的方式执行。神经元阵列总是和一个完整的滤波器组进行卷积，例如对一个特定的 CONVL，滤波器组 0 包含索引为 [0,4,8,…,252] 的滤波器，或滤波器组 2 包含索引为 [2,6,10,…,254] 的滤波器。在单一 CONVL 中，神经元权重更新或加载（Updates or Load, LD）序列与卷积层序列交错进行。在这样一个 LD 序列后，一个 CONV 周期中所有的神经元权重都会保持局部存储，这样可以保持全局存储到权重存储间的带宽较低。因此，该架构将算法的局部性转化为降低的数字电路中的负载。为能够处理一个将 256 个神经元拆分为 4 组的神经网络层，该 64 神经元阵列需要花费 4 个 LD-CONV 周期。

图 6-7 和图 6-8a 提供了更多有关如何以及何时更新权重触发器的观点。对于每个神经元，有两根连接到所有触发器的 4bit 总线，一根总线连接到北侧存储而另一根总线连接在南侧存储，两根总线一共可以达到每周期 512bit 的带宽。每个周期，单个通道的 2×2 滤波器值被写入神经元阵列北侧和南侧的触发器。因此，一个将卷积权重写入 64 个神经元阵列中的 LD 序列一共花费 128 个周期加上从阵列的底部存储预加载偏置值的时间。所有的触发器均按行进行时钟门控：每行具有一个集成的时钟门控单元，从而可以有效减少这些存储单元的活动率。仅当芯片在小的特征图上运行时，LD 序列的开销才比较大。

图 6-7 和图 6-8b 展示了神经元是如何通过一个解复用器（XMUX）连接到特征图缓存上的，该解复用器发挥了在 步长 =1 数据流中的数据复用特性。特征图缓存中的单个地址存储了与输入特征图单元相关联的 256 个通道。当在特征图上用滤波器进行卷积运算时，由于这些神经元均对同一特征图数据进行操作，所以这些特征图数据按顺序输入到神经元阵列里并在 64 个神经元之间进行复用。图 6-8b 体现出为了降低对 SRAM 带宽的需求，XMUX 是如何对输入数据进行缓存和乱序重排的。对于每个步长 =1 的卷积步骤，每个通道仅需加载两个额外的输入特征图数据。如图 6-8 所示，这是通过重新连接输入激活值到神经元的连线关系来实现的。由于激活值存储的带宽被限制为 256bit，所以需要一个周期来加载一个像素以及两个周期来加载两个像素。由于使用这种方案，阵列需要两个周期来准备下一组特征图输入，所以神经元阵列每两个周期仅计算一次结果。一种进一步的优化是对神经元阵列进行数据

门控，即仅在完整的 2×2×256 的图像块有效时才切换到神经元阵列的输入。该方法以在 XMUX 块中引入额外的触发器和逻辑作为代价。

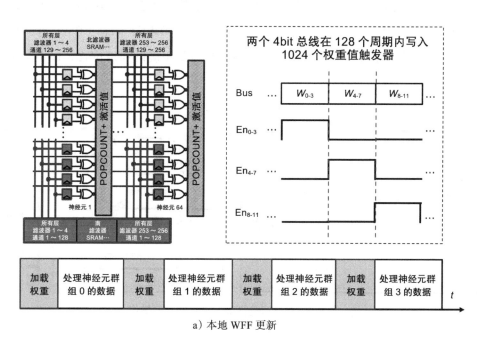

a）本地 WFF 更新

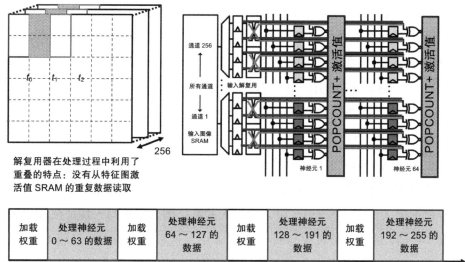

b）激活值复用的 CONV 处理

图 6-8　256X 中的处理序列

最终，如图 6-5 和图 6-9 所示，激活后的输出特征图会被传递回另一侧的特征图缓存，然后再通过一个解复用器块。该解复用器块同时实现标准功能和最大池化操作。在标准模式下，当正确的结果可用时，64 个特征图会被写回到有 256 个端口的 SRAM 中。一个包含位写入使能（Bit-Write-Enable, BWE）标志（BWE 标志由滤波器组序号定义）的掩码确保这 64 个特征图会被写到正确的通道位置，而不会覆盖其他结果。

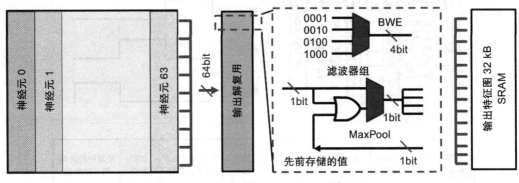

图 6-9   包含可选择最大池化的写回操作

如 6.1 节所述及图 6-1 所示，解复用器模块同样实现流式的最大池化操作。因此，最大池化在这里不再是一个额外的层，而是在运行时被嵌入到 CONVL 中。唯一需要做的就是相应地修改写回方法，细节如下。在最大池化模式下，根据当前卷积 r 与 c（行与列）的索引，可以首先读出给定通道先前写入的值。如果 r 和 c 都是偶数，计算结果会直接写入正确的地址。如果 r 或 c 为奇数，那么在写入之前，首先读取给定地址先前写入的结果，如图 6-10 所示。读写地址的计算方式为 $addr = (c \gg 1) + (r \gg 1) \times (w \gg 1)$，其中 w 是输入层的宽度。然后，预取的数据会与属于同一个 2×2 最大池化窗的新输入特征图数据进行比较（做或操作）。只有当新输入比先前存储的值大（或是等于 1）时，新输入的特征图才会被写入特征图 SRAM。否则，先前（存储）的值会被再次写回至 SRAM 中。这里描述的方案显然不是最优的。如果先前存储的值大于或等于新输入特征图的值，则可以通过将 BWE 用于当前通道来防止 SRAM 的读写。在这种情况下，就不需要重新写特征图 SRAM 缓存。

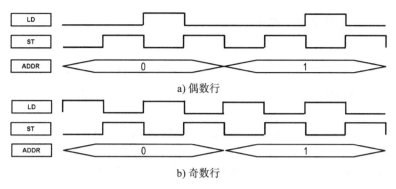

a) 偶数行

b) 奇数行

图 6-10　流式最大池化的时序示意图

2. 输入解码

如前所述，神经元阵列通过硬连线实现的方式对 $W \times H \times 256$ 的 1bit 特征图进行操作。这给输入层带来了新的问题，包括两方面的原因：首先，如果输入像素被量化为 1bit，那么在大多数情况下几乎所有的信息都会被丢失；其次，原始输入图像本身是 RGB $W \times H \times 3$ 格式的，因此需要对输入数据进行一些调整，以使其适合固定维数的神经元阵列（这需要特征图具有 256 个通道）。这两个问题都将在一个解码模块中得以解决，该解码模块将多位输入像素转化为适合阵列的格式。更具体地说，每个 R、G、B 通道都被表示为一个 85 bit 的色温代码，它等价于 6.4 bit 的二进制表示。为了保持较高的 IO 速度，数据传输通常在二进制格式下进行。最终存储的**特征向量**是 $3 \times 85 = 255 + 1$ bit 的等价表示形式：

$$I_{256X} = [85'bI_{th}(R), 85'bI_{th}(G), 85'bI_{th}(B), 1'b1] \tag{6-9}$$

这里，最后的一位是为了使向量适配阵列而必须有的填充位。通过正确选择等价权重核 [参见式（6-11）]，该填充位不会影响网络的输出。此处讨论的所有解码均在运行时在芯片上完成。

在 RGB 输入图像上训练的 $2 \times 2 \times 3$ 的 1bit **权重核**同样应该被转化为适合神经元阵列的格式。注意到在式（6-1）中，可以通过简单的结合律进行以下替换：

$$I[c] \times W[f][c][i][j] = \left(\sum_{z=0}^{85} Iz[c]\right) \times W[f][c][i][j] = \sum_{z=0}^{85} \left(Iz[c] \times W[f][c][i][j]\right) \tag{6-10}$$

式中，$\sum\limits_{z=0}^{85} Iz[c]$ 是色温编码下 $I[c]$ 的表示形式。

这意味着重复每个滤波器值 85 次（每次针对输入特征图色温格式的一个元素），第一层的 3 通道滤波器就可以轻易扩展为 256 通道的格式，如下式所示：

$$W_{256X} = [85 \times W(R), 85 \times W(G), 85 \times W(B), \text{mod}2(i+j)] \tag{6-11}$$

式中，85× 表明相同的 1bit 权重被重复了 85 次；$\text{mod}2(i+j)$ 保证了特征向量中的冗余位被取消，i 和 j 是式（6-1）中的空间坐标。

3. 稠密层

为了实现输入到标签（Input-to-Label，I2L）的行为功能，256X 计算架构同样支持单个 FC 层或稠密层的序列。尽管 FC 层有潜在的可能可以在计算卷积层的神经元阵列中实现，但在 256X 计算架构中是单独在阵列外实现的。针对 CONVL，这种划分允许将神经元阵列的控制及驱动逻辑进行分离，并进行完全的优化。因为 FC 层很小，所以这种由于分离带来的面积代价是十分有限的。除了分离计算逻辑，256X 架构同样还会使用分离的权重缓存。图 6-11 展示了如何在一个 64 路并行处理单元中以顺序方式实现 FC 层。每个周期，64 个权重及 64 个特征图被传递到处理单元中。在该过程中，二进值数值以式（6-4）所示的方式进行乘法与计数。因此，一个典型的 $4 \times 4 \times 256 = 4096$ 的完整 1bit 特征图需要花费 64 个周期来完成一个输出所需要的完整向量乘积。部分和在完整的计算和计算出来前一直存储在本地。然后，将该结果乘以特定滤波器组的批归一化因数 γ_f，并加上等效批归一化偏置 $B_{EQ} = b_f$。因为在这里并没有使用取符号激活函数，所以 6.1.2 节讨论的将批归一化完全合并到等效权重集 W_{EQ}、B_{EQ} 的技巧在这里并不适用。最终，该层可以比较各类别的输出值，并输出最大值对应的标签。此系统不支持输出在实际检测应用中需要的标签及其对应的置信度，加入该功能将是本项目未来工作的一部分。

为了支持对 $4 \times 4 \times 256$ 的特征图做最多 10 类的分类任务，该芯片包含和 FC 层相关、共计 5.5 kB 的 SRAM（存储权重、偏置和批归一化参数）。

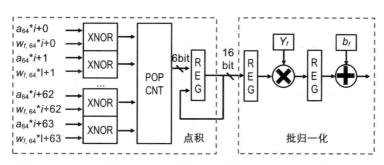

图 6-11　全连接层实现：每个周期从存储中加载 64 个激活值和权重

4. 系统控制

尽管一些功能单元是硬连线的，256*X* 仍被构建为可编程的计算架构。256*X* 是包含指令集、程序存储及前面讨论的复杂数据通路在内的非冯·诺依曼处理器。图 6-12 给出了 256*X* 使用的指令和顶层控制的概述。图 6-12a 展示了 256*X* 支持的 3 种指令类型和一些与之相关的参数。所有的这些指令启动了一个可以持续数千个周期的“层”。程序计数器只有在指令完成时才会增加。3 个主要的指令被设计如下：

❑ IO 指令被用作请求或发送已编码 / 原始的输入图像。该指令指示了待传输数据的尺寸、是否需要解码以及数据是否需要从东或西的激活值存储器读出或写入。

❑ CONV 指令启动并重构一个卷积层。相关参数是输入特征值尺寸、是否需要启动最大池化以及特征图是否需要从东或西的激活值存储器中读出。

❑ FC 指令启动将特征图分类至分类标签的最终分类层。在这个指令中分类类别的数量和包含最终激活值（东侧或西侧）的缓存是可变变量。

类型	选项	描述
IO	$W \times H$ 原始图像或编码图像	输入层、加载以及解码 RGB 图像
CNN	最大池化，$W \times H$	在输入上用 256 个 $256 \times 2 \times 2$ 的滤波器做卷积
FC	$W \times H$，最多 10 类	通过 FC 层生成输出标签

PM 最多 16 条指令 = 层

a）256*X* 指令

图 6-12　控制该 256*X* 计算架构

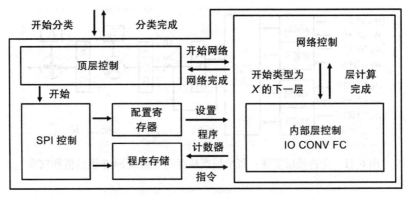

b）256X 控制概述

图 6-12 （续）

这个系统通过一个连接到配置寄存器堆和系统程序存储器的 SPI 进行编程。后者（系统程序存储器）同样是由一个寄存器堆实现的，该寄存器堆至多存储 16 条指令或层。在 256X 中，权重存储器的总大小限制了层数量为 8 个 CONVL 和 1 个 FC 层。

图 6-12b 给出了系统级控制器的概述。一个顶级的控制器控制了操作模式（启动或运行）以及和外界的通信。顶级控制器管理控制所有片上的其他单元，但是它同样会作为片外其他控制器的从属端。在开始阶段，权重均可以通过扫描接口进行更新，而 SPI 可用于重新配置程序存储器。每当系统的管理者要求进行分类，顶层的控制器就会开始一个新的网络，然后网络控制器就会循环遍历在指令存储器中存储的指令。仅当层控制器确认层已经完全完成时，新的指令才会开始。

6.3.2　SX：灵活的 DVAFS BinaryNet 计算架构

SX 是一种基于固定 256X 基准的更灵活的架构。SX 中的 S 代表了该架构支持不同宽度的层，而不是像 256X 一般每个层都必须有 256 个有 256 通道宽的滤波器。更具体一些，在 SX 中，$F \times 2 \times 2 \times C$ 的滤波器可以在 $W \times H \times C$ 的特征图上做卷积。这里 F 依然需要与 C 相等，但这两个值均不固定且不要求等于 256，而可以是 $256/S$ 的值，其中 S=1、2 或 4。对更灵活的架构实现的需求很容易解释。如果想在 256X 中用增加能耗来换取准确率提高，唯一可以调整的参数即网络深度（层数），能耗会随网络层数线性缩放。在 SX 中，可以通过在控制网络深度的同时调整网络宽度来更高效地换取准确率。单层网络的计算量以及其一阶的能耗与因数 S 成二次方关系。由于 256X 架构的固定性，256X 会在做一些如人脸检测的简单应用中进行多次的运算，而增加了灵活性的 SX 解决了这个问题：它将硬连线阵列的效率与更高的可编程性相结合。

图 6-13 进一步展示了 SX 的可重构性，图 6-13 直观地说明了 SX 中的两种操作模式。在 S=1 模式中，芯片在 $W \times H \times 256$ 的特征图上处理有 256 个 $2 \times 2 \times 256$ 的滤波器的网络层。由于神经元阵列仅包含 64 个神经元，因此运行时其使用方式是时分复用。在一层网络上处理一个特征图需要 4 个 LD-CONV 周期。在 S=4 模式中，每层在 $W \times H \times 64$ 的特征图上使用 64 个 $2 \times 2 \times 64$ 的滤波器。由于阵列中的每一列现在可以映射 4 个单独的神经元，因此可以使用同一神经元阵列**并行**计算 4 个特征图。此外，每层仅需要 64 个神经元，所以每层仅需要一个 LD-CONV 周期，比 S=1 的情况快了 4 倍。这两种效应的结合可以达到 16 倍加速比或等效能耗降低至 1/16。更重要的是，如果吞吐量保持不变，可以通过使用更低的频率和电源电压来利用 16 倍的加速比，类似于第 4 章讨论的 DVAFS 技术。尽管在这里，DVAFS 用于子网级并行环境而不是子字级上下文并行环境。更具体地，在 CIFAR-10 数据集上，一个数字 SX 的硬件实现在 S=1 模式下可达 86.05% 的计算准确率，每次分类消耗 15μJ 能量。在 S=4 的模式下，SX 可达 76% 的计算准确率，每次分类消耗 0.9μJ 的能量。

图 6-14 展示了更多的实现细节。图 6-14 展示了如何使用可变的并行度或批大小 S（$F=C=256/S$）来调整 CNN 网络层的宽度（F）与输入特征图通道数（C）。因此，改变 S 可以实现用能耗换取模型计算准确率。如图 6-14a 所示，这是通过将神经元拆分为 4 个子神经元来实现的，每个子神经元在激活值 SRAM 的 64 个通道上处理一个 $64 \times 2 \times 2$ 的点积运算。取决于 S，子神经元的中间输出变量被合并至 S 个输出特征中。因此，SX 可以在 1 个 $256 \times W \times H$（$S=1$）、2 个 $128 \times W \times H$（$S=2$）或 4 个 $64 \times W \times H$（$S=4$）的特征图上并行计算 $F \times C \times k \times k = 256 \times 256 \times 2 \times 2(S=1)$、$128 \times 128 \times 2 \times 2(S=2)$ 或 $64 \times 64 \times 2 \times 2(S=4)$ 的网络层。如图 6-14b 所示的进一步说明，这对吞吐量和能耗有重要影响。如果 S=1，一层包括 256 个神经元（$F=C=256$）并且需要 4 个 LD-

CONV 周期来处理所有神经元。如果 $S=4$，一层包括 64 个神经元（$F=C=256$）并且仅需要 1 个 LD-CONV 周期处理 4 张输入图。其中，吞吐率和能效随着 $S^2=16$ 呈平方增长，而代价则是分类准确率的降低。6.5 节将进一步定量分析这种能耗吞吐量与准确率的折中。

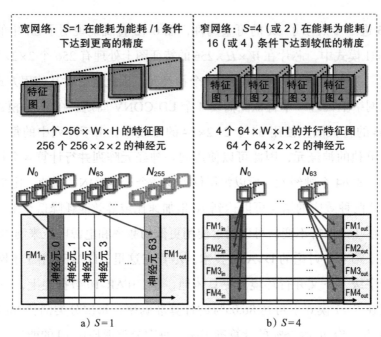

图 6-13　不同模式下的操作区别

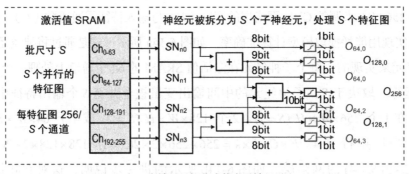

a）一个神经元切分成数个子神经元

图 6-14　与 256X 相比 SX 需要有限数量的架构级改变

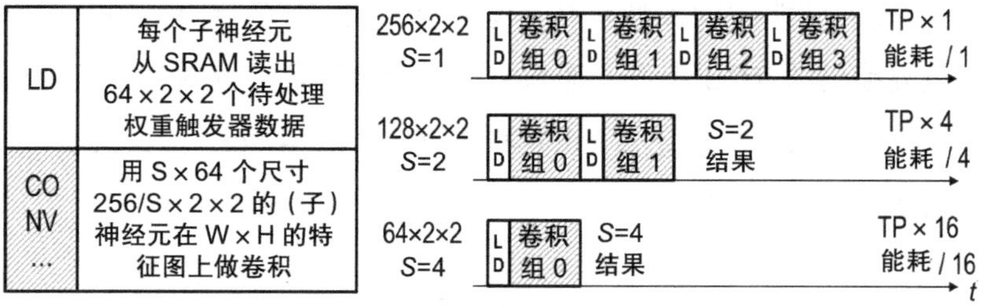

b）不同模式下的时序

图 6-14　（续）

图 6-15 展现了这种可重构性的顶层视图。SX 计算架构支持 3 种不同的子网并行模式。在 N = 2 模式下，通过将 256X 架构分成两个独立部分，整个芯片被有效分割。这允许它在同一个物理阵列上运行宽度为 128 个滤波器的较小网络。N = 4 模式是支持每层有 64 个滤波器最小网络的模式。在这种情况下，可以使用相同的物理阵列将芯片重新配置成 4 个单独的部分。

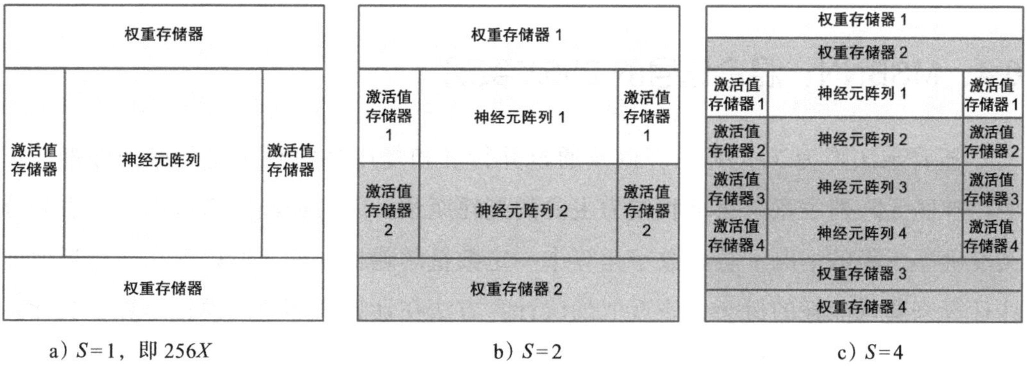

a）S = 1，即 256X　　　　　b）S = 2　　　　　c）S = 4

图 6-15　SX 支持的 3 种不同操作模式的系统级视图

除了上面讨论的修改，从 256X 迁移到 SX 需要的改动较少。显然，模式 S 应该存储在一个配置存储器中，该配置存储器是所有硬件实现中一个单独的小寄存器堆。为了支持正确的数据流，所有的控制循环和神经元都会根据配置存储器中 S 的值被重构。但是，基础的功能在多个模式 S 中保持不变，而且仅需进行很小的修改。一个主要的修改体现在输入解码模块中。在 S = 1 模式下，每个颜色有 255 = 85 × 3 个通道可用。在 $S=4$ 模式下可能的输入像素精度会下降。此时，只有 $64=32\times2$ 个芯片通道可用于表示色温编码的 RGB 图像。通常来说，每种颜色的等效色温编码通道数量是 85（$S=1$，6.4bit）、42（$S=2$，5.5bit）和 21（$S=4$，4.5bit）。由此，每种颜色可能输入值的数量可由下式决定：

$$\#Values = \frac{256}{\#inputchannels \times S} \qquad (6\text{-}12)$$

式中，#inputchannels 对于 RGB 输入图像而言等于 3。

不同模式下最大输入精度的降低将会导致这些模式下网络性能的下降。在这一点上，尚不清楚模式 2 和模式 4 中模型准确率的下降有多少归因于输入的精度下降以及又有多少准确率损失是因为较小的网络层造成的。

6.5 节讨论了一种 SX 架构的数字实现（一款名为 BinarEye 的芯片）的具体设计与测量。

6.4   MSBNN：混合信号的 256X 实现

随着乘法降为 XNOR 运算以及通过并行度和复用将内存访问分摊到许多计算中，神经元阵列中宽向量求和成为主要的能耗瓶颈。因为神经网络可以在不引起分类准确率下降的情况下容忍数字运算中一定数量的随机误差，所以存在通过近似加法计算来降低能耗的机会，该近似加法计算方法在计算内部使用模拟运算，在计算外部通过开关电容（Switched-Capacitor, SC）神经元进行数字运算，具体细节如图 6-16 所示（Murmann 等人，2015；Moons 等人，2016）。SC 神经元通过数据相关的开关和比较器进行加权求和，所以其功耗像静态 CMOS 逻辑一样随开关活动因子（activity factor）的变化而变化。在 28nm 的技术下，金属 – 氧化物 – 金属（Metal-Oxide-Metal，MOM）与边缘电容之间的精确匹配可以使单位电容小至 1fF 而不引起分类准确率的下降。相比之下，等价的数字加法树电路包括跨多个逻辑级的大量开关电容。近似加法计算方法主要的噪声来源是比较器，但是它的能耗成本被 1024 个权重值所分摊。由此，SC 神经元能够承受较低的信号摆幅并使用 0.6V 作为模拟参考电压与数字电源电压。与静态 CMOS 加法树实现的数字神经元阵列相比，开关活动因子相称性、低电压以及低电容的组合使用使得 SC 神经元阵列处理每种分类的能耗更低。本节将讨论混合信号二值 CNN（Mixed-Signal Binary CNN, MSBNN）处理器，该处理器是 256X 架构的一种具体实现，其使用 SC 神经元阵列在 CIFAR-10 数据集上进行 I2L 运算将消耗 3.8μJ 能量达到 86% 的识别准确率（Bankman 等人，2018）。

纵观全局

SX BinaryNet 架构在网络层面进行动态电压精度频率调节（见第 4 章）。相比于在亚字级并行模式下以较低的计算精度进行操作，这种架构在子网级并行模式下以较低的测试基准集准确率进行操作。如果系统级的吞吐量保持恒定，则可以通过调节电源电压和频率来提高能效。

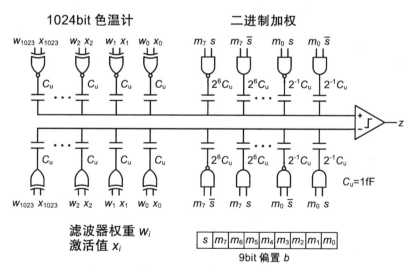

图 6-16　开关电容神经元通过电荷重分配实现加法运算

6.4.1　开关电容神经元阵列

如图 6-16 所示的 SC 神经元根据下式完成一个完整的二值 CNN 滤波器计算：

$$z = 1 \qquad\qquad (6-13)$$

XNOR 门在一个 $2 \times 2 \times 256$ 的权重值 w_i 和 $2 \times 2 \times 256$ 的特征图块激活值 x_i 之间完成逐点乘积操作，并在模拟域使用差分电容式 DAC（Differential Capacitive DAC，CDAC）完成加法运算。该 CDAC 的单位元是一个 $1-\text{fF}$ 的 MOM 边缘电容。一个 1024bit 色温编码的 CDAC 部分进行了逐点乘积 $w_i x_i$ 的累加，此外，一个 9bit 二进制加权 CDAC 部分在结果中加上了由有符号幅值整数表示的滤波器偏置 b。1bit 神经元输出 b 由一个电压比较器计算得出。由于 SC 神经元在内部完成了二值 CNN 滤波器计算，因此模-数（A-D）转换接口会转化为一个单一的比较器判决。

在理想的操作下，SC 神经元根据式（6-13）计算输出 z。3 种电路的非理想因素会潜在地影响使用 SC 神经元阵列的分类准确率：单位电容失配、比较器失调以及比较器噪声。具体分析体现出 1024bit 色温编码的 CDAC 部分中实际的、失配的单位电容值可以被引入使用的滤波器的一组等效权重中。相似地，9bit 二进制加权 CDAC 部分中的单位电容值和比较器失调可以一起被引入等效偏置。不同于由失配引起的随机但是静态的扰动，比较器噪声是在每次滤波计算时独立产生的。我们通过运行行为级蒙特卡罗仿真来确定在不影响分类准确率情况下二值 CNN 所能容忍的比较器失调、噪声以及单位电容失配的具体数量值，从而得出比较器失调和噪声要求分别是 4.6mV 和 460μV，并且需要 $1-\text{fF}$ 的单位电容。

6.4.2　测量结果

MSBNN 采用 TSMC　28nm 高性能低漏电（High-Performance Low-Leakage，HPL）CMOS 工艺制造，带有 1P8M_4X2Y1Z 金属层。图 6-19 展示了一个尺寸为 $2.4\text{mm} \times 2.4\text{mm}$ 的芯片照片。芯片设计被划分为 4 个独立的电源域：V_{DD} 用于控制与数据传输逻辑；V_{MEM} 用于 SRAM；$V_{\text{NEU}} = 0.6\text{V}$ 用于神经元阵列合并的模拟域参考电压与数字电源电压；$V_{\text{COMP}} = 0.8\text{V}$ 用于所有比较器。所有的实验测量均在室温环境下完成。

为了建立描述 SC 神经元阵列中噪声与失配的统计数据，在下面的测量中，

MSBNN 在完整的 CIFAR-10 数据集上进行了测试。图 6-20 展示了用于该测量的典型测试基准集网络，该网络在 CIFAR-10 图像分类任务上可达 86.05% 的分类准确率。该网络包括 10 层：1 层输入层，8 层卷积层（CONV），其中第 4 层和第 6 层接有最大池化层，1 层输入 4bit 标签值的全连接层（FC）。整个网络需要 2 000 000 000 次 1bit 运算，该任务的平均 I2L 吞吐量为 23.7fps/MHz 或 47.6GOPS/MHz。该芯片为 I2L 型芯片，它直接将原始的 32×32×32 的 RGB 图像转换成 10 种输出类别标签中的一个，而不需要与其他系统进行任何交互。

在数字外设标称电源电压 $V_{DD} = V_{MEM} = 1.0V$ 时，芯片工作在时钟频率 $f_{CLK} = 16MHz$ 下帧数为 380fps，且每分类能耗为 5.4μJ。降低 V_{DD} 和 V_{MEM} 至 0.8V 可以在 $f_{CLK} = 10MHz$ 下达到 237fps 以及每分类 3.8μJ。图 6-17 展示了在工作点 $V_{DD} = V_{MEM} = 0.8V$ 根据电源域进行划分的每分类能耗分解情况。不包括在这些能耗图中的是 1.8V 的芯片 IO 能耗，该部分每分类消耗 0.43μJ 能量（只占芯片能耗中很小的一部分）。

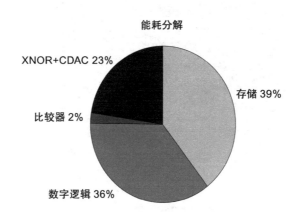

图 6-17　在工作点 $V_{DD} = V_{MEM} = 0.8V$，237fps 下每分类 3.8μJ 的能量。根据电源域进行分解

图 6-18 展示了 10 个芯片测量出来的分类准确率的分布直方图，每个芯片均运行 30 次 10 000 张 CIFAR-10 图像测试。分类准确率的平均值是 86.05%，这与理想数字计算模块的测试结果相同。置信度超过 95% 的准确率区间为 86.01%～86.10%。分类准确率的标准差为 0.39%，完全由 SC 神经元中的噪声和失配引起（这些也可以

显著地导致比理想数字计算模块更高的分类准确率）（见图 6-19 和图 6-20）。

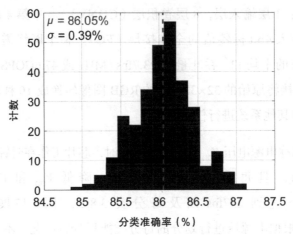

图 6-18   在 10 个芯片上，每个芯片运行 30 次 10 000 张 CIFAR-10 图像的分类准确率测试

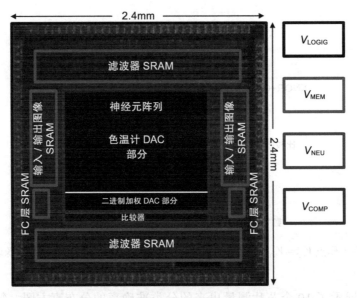

图 6-19   MSBNN 芯片图像，该芯片使用 28nm CMOS 工艺实现。该芯片分为 4 个二电
源域：一个面向所有逻辑电路、一个面向内存、一个面向比较器以及一个面向
其他所有神经元。这种粒度设计有助于推进 DVFS 方法的实现以最小化能耗

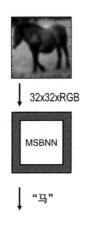

32x32xRGB

MSBNN

"马"

层	类型	W, H	K	C	步长
0	IO	32	2	256	1
1	CONVL	32	2	256	1
2	CONVL	31	2	256	1
3	CONVL	30	2	256	1
4	CONVL	29	2	256	1
4p	MP	28	-	-	2
5	CONVL	14	2	256	1
6	CONVL	13	2	256	1
6p	MP	12	-	-	2
7	CONVL	6	2	256	1
8	CONVL	5	2	256	1
9	FC 层	4096 到 10			

图 6-20　用于测量 MSBNN 的典型 10 层网络测试基准集。该网络包括 10 层：1 层输入层，8 层 CONVL，其中第 4 层和第 6 层接有最大池化层，以及 1 层输入 4bit 标签值的 FC 层。使用该网络，具有定期清除功能的 256X 架构在 CIFAR-10 的测试设备上以 23.8fps/MHz 的 I2L 吞吐量达到了 86.05% 的准确率

表 6-1 列出了该工作与之前工作的对比结果。在相同的测试基准数据集（CIFAR-10）上，相比于 IBM 公司的 TrueNorth 芯片，该工作可以将每个分类的计算能效提升 40 倍，提升主要来自 TrueNorth 并没有利用 CNN 的局部性，因此会在较高的数据通信活跃度的情况下造成高能耗代价。Ando 等人（2017）提出的二值 DNN 加速器将所有存储放在芯片上，但是由于全连接的 DNN 不能充分发挥权重复用，SRAM 每个位数据加载的能耗会被附加在每个 XNOR 运算上。Buhler 等人（2017）提出的脉冲 LCA 网络提出了低能耗策略，但是它在低复杂度任务（MNIST）上仅能取得相对较低的准确率。

表 6-1　目前主要工作的对比

第一列	本项工作	IBM TrueNorth Esser 等人（2016）	VLSI '17 Ando 等人（2017）	VLSI '17 Buhler 等人（2017）
工艺	28 nm	28 nm	65 nm	40 nm
算法	CNN	CNN	DNN	LCA
数据集	CIFAR-10	CIFAR-10	MNIST	MNIST
权重 /bit	1	1.6	1.6	4
激活值 /bit	1	1	1	1

（续）

第一列	本项工作	IBM TrueNorth Esser 等人（2016）	VLSI '17 Ando 等人（2017）	VLSI '17 Buhler 等人（2017）
电源电压 /V	0.6, 0.8	1.0	0.55, −1.0	0.9
分类准确率（%）	86.05	83.41	90.1	88
每分类能耗 /μJ	3.79	164	0.28, −0.73	0.050
功率 /mW	0.899	204.4	50, −600	87
帧率 /fps	237	1249	820 K, −3280 K	1.7M
算数计算能效	532 1b-TOPS/W	−	6.0−2.3 TOPS/W	3.43 TOPS/W

6.4.3　模拟信号通路代价

为了避免分类准确率的降低，必须对 SC 神经元阵列中的模拟电路非理想因素加以控制，这是通过使用标准的混合信号电路技术实现的，该技术不会显著提高 SC 神经元阵列的每个分类消耗的能耗，其能耗主要取决于连接其数字门的互连。尽管如此，为了强调 MSBNN 和 BinarEye 之间的实现差异，作者在这里描述了设计开销，这里使用完整的从 RTL 到 GDSII 的标准单元流实现综合仿真。

图 6-16 中 SC 神经元执行式 (6-13) 中加权和的方式可以解释为电容分压器的叠加。为了使电容分压器相对于每个 CDAC 底板输入保持正确的线性关系，CDAC 顶板节点处的电荷必须为 0。为了实现这一点，卷积必须在所有 CDAC 底板输入接地并且连接到 CDAC 顶板节点（图 6-16 未表示出来）的开关放电时进行周期性暂停。这种"清除"操作每隔 100 ～ 300 个周期运行一次，该间隔由顶板节点漏电流决定。在这种速率下，"清除"操作对每分类能耗的影响可以忽略不计。在 25.1fps / MHz 的操作条件下，"清除"操作引起的周期性暂停卷积操作相比于 BinarEye 会造成 5.7% 的吞吐量降低。

使用启动时校准可以显著降低对于比较器失调的要求。随着分配 9bit 给滤波器偏置，存在足够大的范围来使用二进制加权 CDAC 对比较器失调进行校准，而不需要额外的微调 DAC。比较器偏置在启动时进行数字化、存储在本地寄存器中、并在权重传递时从 SRAM 中加载的偏移量中减去。一些温度变化较大的环境可能会造成严重的偏置漂移，可以周期性地执行校准（例如每秒一次），这种周期性校准在每分类平均能耗和吞吐量方面的成本可以忽略不计。

6.5　BinarEye：数字的 *SX* 实现

在开发 MSBNN 芯片（6.4 节已讨论）的同时，作者开发并测试了一种全数字的 *SX* 架构。在理想情况下，MSBNN 同样应该是 *SX*。但是，由于时间仓促和流片截止时间限制，团队决定继续使用传统的 256*X* 架构进行混合信号设计，因为这种设计需要密集的人工布局，其中一部分已经在 *SX* 开发时完成。但是，并没有根本原因表明 *SX* 架构不能进行混合信号方式实现。混合信号神经元优化和由 *SX* 提供的附加灵活性都可以视为完全正交的设计工作。与基准 256*X* 架构相比，在 *S* =1 模式下，所有滤波器宽度均为 256，*SX* 的能耗开销非常低可以忽略不计。唯一较高的开销是在图 6-14a 所示的多路选择器以及在更复杂的多模式 IO 解压缩。因此，*S* =1 时 BinarEye 的性能仍可与 MSBNN 性能相媲美，并且可以被用于估计模拟计算的增益。所以 BinarEye 的学术价值也将翻倍：既是对 *SX* 架构高效率的验证，也是一个典型的对模拟计算与数字计算进行比较的案例研究。

由于 *SX* 中附加的灵活性，BinarEye 可以通过同时调整网络深度及宽度来实现范围更广的能耗 - 准确率折中。对于如人脸检测和人脸角度识别之类的任务，较窄的神经网络即足够，从而可以大大降低计算能耗。在一些基准测试集上等准确率较低的情况下，通过 *SX* 的灵活性获得的增益优于 256*X* 通过模拟神经元获得的增益。更多细节将在 6.6 节中进一步讨论。

6.5.1　全数字的二值神经元

BinarEye 中神经元的实现如图 6-14a 所示，其包含一个全数字的可重构 POPCOUNT 算子。POPCOUNT 加法器是使用标准 Synopsys Designware 在 SystemVerilog 使用 +（加）操作符通过树状描述综合而成的。在整个设计中，没有进一步优化或自定义额外的干预手段来最小化 POPCOUNT 算子的能耗。该设计旨在成为经验丰富的 RTL 设计人员在不需要其他额外工具的情况下就可以实现的基准性能。

6.5.2　物理实现

图 6-21 所示是 BinarEye 模片照片，该芯片同样使用与 MSBNN 相同的 28 nm CMOS 工艺制造而成，但是该芯片使用了 1P8M-5X1Z1U 金属层。在该工艺下，BinarEye 实现的面积小于 2mm^2（包括引脚面积为 1.45mm×1.35mm）。该系统经过综合和布局，可以在 1V 标称电压下实现 50MHz 操作。为了给优化工具提供最大程度的优化自由度，所有的神经元与逻辑电路都在最少的约束下进行自动化布局布线。从顶层视角出发并忽视实际尺寸区别，该布局与 6.4 节中 MSBNN 的人工布局一致。但是该芯片仅分为两个电源域：一个面向所有外围电路、控制电路以及 SRAM 存储的默认电源域；另一个面向全部神经元阵列的电源域。图 6-21 粗略地标示了这些电源域在芯片中的位置。

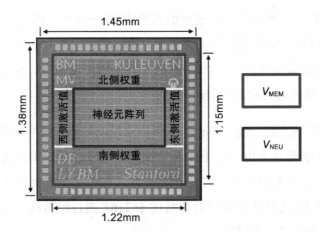

图 6-21　BinarEye 模片照片。为了能够分别对神经元阵列和外围电路的电源电压进行调节，
　　　　　BinarEye 被分为两个独立的电源域

6.5.3　测量结果

本节将讨论图 6-20 所示的测试基准网络的性能和多种应用下的系统级性能。

1. 测试基准网络的性能

为展示芯片不同模式的灵活性和有效性，图 6-22 与图 6-23 展示了一个用于常开图像应用的 9 层测试基准网络中各层的测量结果。图 6-22a 展示了不同模式下测试基准网络的 9 个网络层的设置。根据缩放比例因数 S，每个层的宽度会减小，也显著降低了必要操作的数量。当 $S=1$ 时，图 6-22a 和图 6-23b 的第一层以 32×32 的 7bit RGB 图像作为输入，并在 500M 的二进制操作中将其转化为 256×31×31 的二进制特征图，该核心效率在 6MHz 及 3521b-GOPS 的条件下可达 2301b-TOPS/W。在 $S=4$ 的情况下，保持相同的工作频率，该层的能效将下降至 2051b-TOPS/W。图 6-22b 还显示：在整个网络中，因为与 CONV 时间相比 LD 相对时间的增加，核心计算能效会随着 $W×H$ 特征图的减小而下降。尽管 BinarEye 没有对 FC 层进行优化，但是图 6-23b 进一步展示了它仍可达到当前最先进的 1.5TOPS/W 的计算能效，该结果与 Ando 等人（2017）的结果相近。如图 6-23c 所示，所有的测量均是在室温环境下完成的，标称电压与工作频率范围分别为 0.66～0.9V 以及 1.5～48MHz。

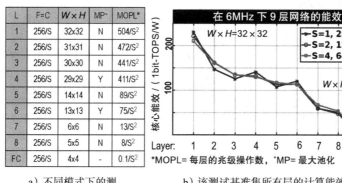

a）不同模式下的测   b）该测试基准集所有层的计算能效
试基准集描述

图 6-22 多种模式下的测试基准网络以及这些模式以 1bit-TOPS/W 进行衡量的性能

图 6-24 展示了该 9 层测试基准网络能耗方面的更多细节。图 6-24 显示了 9 层测试基准网络每一层的相对计算时间与能耗，以及在 E_{min} 中 6MHz 工作频率下所有 3 个电源域的相对能耗，其中神经元部分的电源电压为 0.65V，存储器部分电源电压为 0.7V。"存储"电源域包括所有的 SRAM 内存：北侧和南侧的权重 SRAM、东侧和西侧的激活值 SRAM 以及全连接权重 SRAM。"神经元"电源域包括所有神经元阵列、所有控制逻辑、用于在 SRAM 到神经元阵列传输数据的数据传输逻辑以及全连接层的算数单元。"IO"电源域包括工作在 1.8V 下的 IO 环。

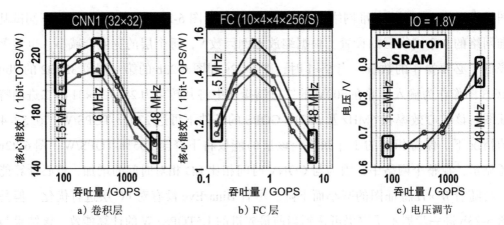

图 6-23   卷积层与全连接层的计算性能（1bit-GOPS）以及芯片的电压调节

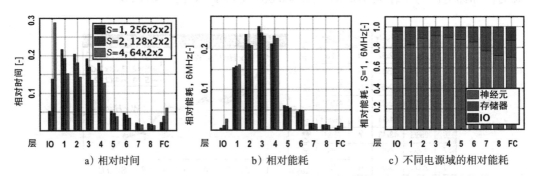

图 6-24   9 层测试基准网络每一层的相对时间、相对能耗和不同电源域的相对能耗。
图 6-24c 再次促使研究转向 MSBNN 中的模拟神经元实现，因为大部分能耗在
神经元阵列上，更具体地说是在 POPCOUNT 算子中

图 6-25 显示了 BinarEye 在 20MHz 工作频率下的仿真性能分解，其中存储电源域工作在 1V 电压下、神经元阵列电源域工作在 0.8V 电压下。在该工作频率下几乎50% 的功耗由互连引起，仅有 2% 是由漏电造成，该结果主要通过使用高阈值电压单元来实现。如前所述，即使在非标称电源电压下，神经元阵列仍是整体功耗的主要部分。BinarEye 功耗的 75% 来自神经元，其中超过 50% 来自互连线部分。这促使人们从全数字设计向混合信号设计方向发展，如 6.4 节所述。

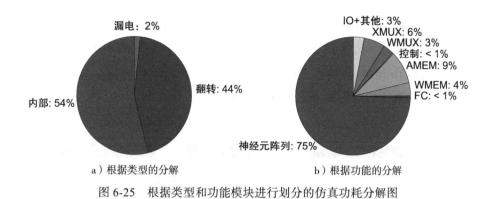

a）根据类型的分解　　　　　　　　　b）根据功能的分解

图 6-25　根据类型和功能模块进行划分的仿真功耗分解图

2. 应用级性能

对于一些如手写体数字识别及人脸检测的简单应用，256*X* 与 MSBNN 中宽度为 256 的 CONVL 过大，且需要过多的操作并消耗较高的能量。因此，这些任务可以受益于 BinarEye 的 *SX* 架构对窄网络层的支持。较窄的网络每个分类所需的能量要少很多，但是对于简单任务仍具有分类功能。这里将从 I2L 计算能耗与测试基准集准确率两方面讨论 BinarEye 在一些应用上的计算性能。

BinarEye 的系统级、I2L 性能和广泛的适用性如图 6-26 所示。这里，数个测试基准集的准确率与图 6-22 中 9 层网络的能耗、吞吐量以及功率一起作为 *S* 的函数给出。所有的数据集和训练脚本都可以在线获得：https://github.com/BertMoons/（Moons 等人，2017c）。

BinarEye 可以有效地处理与电池受限的可穿戴设备相关的若干唤醒任务。本段及图 6-26 中给出的数字包括操作电压为 1.8V 的 IO 能耗。在每秒 150 次推理及每推理14.4μJ 的 *S* = 1 模式下，该芯片在 CIFAR-10 上可达 86% 的准确率、在人脸检测上可达 98.1% 的准确率及 95.7% 的召回率、在物主检测上可达 98.2% 的准确率及 83.3% 的召回率。如果允许略微的准确率下降，芯片可以在其最小能量点处扩展到每秒 1700 次推理、在 94.5% 的人脸检测准确率下每个推理消耗 0.92μJ。一旦人脸或是物主被检测到，芯片就可以可靠地识别人脸的 3 ～ 7 个角度，使得移动设备能够精确地跟踪用户面部相对于其屏幕的相对位置。如果将 BinarEye 在 QQVGA 图像上以滑动窗口的方式用做探测器，它可以用 16 个像素作为步长在 1mW 功率下达到 1～20fps，并在 10mW 功率下达到 15～200fps。因此，在典型的 810 mWh AAA 电池上，该芯片可以在 1mW 的功率下提供长达 33 天的持续工作时间。如何将所有这些转换为面部探测测试基准集准确率目前仍在研究中。

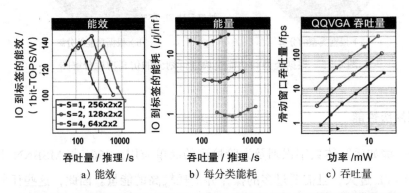

a）能效　　　　　　　　b）每分类能耗　　　　　　c）吞吐量

9 层测试基准网络的性能								
Batch Size S	E/inf[c] [uJ]	T[c][infps / MHz]	P[c][uW/ MHz]	MNIST	CIFAR -10	Face Det.[d]	Owner Det.[e]	3 / 7 Angles
1	14.4	25	360	98.85	86	98.1*/95.7+	98.2*/83.3+	99.1/ 98.9
2	3.47	81	310	97.50	82	96.7*/94.2+	87.5*/89.4+	99.0 / 98.2
4	0.92	281	255	96.70	76	94.5*/87.6+	87.7*/87.1+	98.9 / 96.0

a. 包含 1.8V IO　　　　　　　　　d. 在 52665 个背景图片中的 5368 张人脸的数据集上进行测试

b. 步长为 16 的滑窗，9 层网络　　e. 在 132 张图像共 1320 张人脸的数据集上测试

c. 包含 1.8V IO，在最小能耗端口　　* 精度，+ 召回率

d）应用级说明

图 6-26　I2L 系统级

6.5.4　BinarEye 中的 DVAFS

可调整的宽度参数可以实现网络级的 DVAFS（第 4 章详细介绍了该技术）。在 BinarEye 中，网络的宽度是可调的，而非算术计算的二进制精度。因此，在该情况下保持吞吐量不变，每帧消耗的能量可以以类似于传统 DVAFS 的方式进行计算：

$$E \sim \frac{\alpha}{k_0 \times S} C \frac{f}{k_1 \times S} \left(\frac{V}{k_2}\right)^2 \tag{6-14}$$

式中，S 是 6.5 节讨论的子网的并行度；k_0、k_1 是描述随 S 进行调节和理想吞吐量间细微偏差的建模参数；k_2 是随频率调节时电源电压的比例因数。

BinarEye 中 DVAFS 的影响如图 6-27 所示，展示了吞吐量保持每秒 1000 次时 $S=1、2、4$ 从输入至标签（I2L）的能耗。因此设计者可以根据应用的需求权衡系统级能耗以获取符合要求的准确率。在 CIFAR-10 上，一个准确率为 76% 的网络相比准确率为 86% 的网络可以节省至 1/20 的能耗。图 6-27 还比较了 BinarEye 中的宽度调节与深度调节。在等准确率下，调节网络宽度比调节网络深度更节能，这一现象可以在 CIFAR-10 数据集准确率 80%~86% 的范围内观察而知。与网络宽度缩放相比，网络深度缩放的增益是显著的，尤其是在准确率较低的区域。

这种可调节性在单一应用中不一定有用，但是当单一计算平台需要覆盖到难度不同的各类应用（如人脸检测、物主检测及物体检测）时，可以利用这种可调节性。在这种情况下，所有这些任务都可以通过 DVAFS 以最有效的操作模式运行。

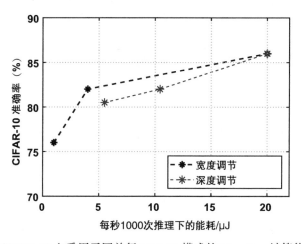

图 6-27　在 CIFAR-10 上采用子网并行 DVAFS 模式的 BinarEye 计算能耗与准确率

6.5.5　与最先进水平的对比

图 6-28 比较了 BinarEye 与其他最近的神经网络实现的相对优劣。YodaNN（Andri 等人，2016）是一种二值权重加速器，二值权重指仅有权重是 1bit，激活值依然保

项目	[2] TCAD'17	[3] VLSI '17	[Moo17] ISSCC'17	[Ess16] IBM TrueNorth	[Bon17] ISSCC'17	[Wha17] ISSCC'17	本项工作
工艺	65nm CMOS	65nm CMOS	28nm FDSOI	28nm CMOS	65nm CMOS	28nm CMOS	28nm CMOS
频率 /MHz	27 - 480	100 - 400	25 - 200	1	25	1200	1.5 - 48
电源 /V	0.6 - 1.2	0.55 - 1	0.6 - 1	1	2.5	0.9	0.66 - 0.9
有源面积 /mm²	2.2	3.9	1.87	430		5.8	1.4
MAC 操作的数量		1728	256 - 1024		80×20An.	8	65536
门数量	1.33M		1.95M	5.4B transistors			1.3M
片上存储	9.2kB SCM	51kB SRAM	148kB SRAM	51.2 MB SRAM		1158kB SRAM	328kB SRAM
#layers, #filters, sizes [-]	All, All, $<7\times7$	13, -, -	All, All, All	All, All, All		All	1-16, 64-256, 2×2
支持的网络	CNN	DNN	CNN	CNN	Haar-Filters	DNN	CNN + DNN
精度 /bit	$1b \times 12bit$	1-1.6bit	1-16bit	1-1.6bit	Analog	8bit,16bit	1bit
性能 /Gops	15 - 377	345 - 1380	12 - 408			8.3	90 - 2800
核心能效 / (Tops/W)	58.6 - 9.6	6 - 2.3	10 - 0.3		11.8	0.58 - 0.95	230 - 145
I2L 能效 / (Tops/W)	0.98 - 0.87	-	-				145 - 95

	[2] [%]	[3] [%]	[Moo17] [%]	[Ess16] [%]	[Bon17] [%]	[Wha17] [%]	本项 [%]	Core†	I2L†	S
Acc. [%] MNIST	91.7	90.1				97.5	97.4	0.2	0.21	4
CIFAR-10	21† / 1k††	0.28	94 / 3	83.4 / 164		60+ / 3.8+	86	13.82	14.4	1
人脸检测					>95 / 11.8		94.5	0.89	0.92	4
物主检测							98.2	13.82	14.4	1
7 人脸检角度							98.2	3.4	3.47	2
模式 S						0.1*	1ª	2ª	4ª	
操作 /Net [-]	1.2G	1.3M	12.4M	1249		60k, 2.3M	2G	0.5G	0.12G	
Infs/s @ Emin, Net [-]	15.6	205k	2.2k	0.131		90k, 3.6	0.12k	0.5k	1.7k	
EDP @Emin, Net[uJs]	64.1††	1.4e-6††	1.4e-3††	204.4		1.1e-6,0.001	1e-2†	7e-3†	5e-4†	
P @Emin, Net [mW]	15.760††	50††	6.4††			22.4	2.2†	1.8†	1.6†	

图 6-28　在多个测试基准集上多个低精度 CNN 处理器的对比。星号 / 剑形符号指不包括 / 包括 IO 功率的测试核心能效。α 是图 6-22a 中 9 层测试基准网络的序号。该工作中面向 MNIST 的网络是 5 层网络。加号指该结果是根据作者的实验推理出来的

持高准确率。由于该特性，YodaNN 可以在 CIFAR-10 数据上达到高达 91.7% 的准确率。但是由于 12bit 的大特征图尺寸，芯片在运行时需要高带宽，如果考虑 IO 能耗则该芯片每分类将消耗 1mJ 的能量。Ando 等人（2017）提出的一种二值 / 三值 DNN 实现仅能在 MNIST 上达到较差的 90% 准确率，该结果接近单层线性分类器的准确率。因为该芯片完全针对 DNN 操作进行了优化，因此即使在 65nm 技术上，它在 FC 层上的性能也比 BinarEye 高出 6 倍。在 Moons 等人的工作（2017b）中，在仅包括核心能耗的情况下，准确的人脸检测以每帧 3μJ 运行。BinarEye 不需要任何中间数据或权重的写回，因此仅消耗 0.9μJ I2L 能耗就可以达到相同的准确率。IBM 公司的 TrueNorth 芯片比 BinarEye 的能效低 9/10，但是使用了 500 倍以上的晶体管来完成这项工作。Bong 等人（2017）提出的工作使用 Haar 级联的模拟实现来执行精确的面部检测。在 65nm 技术上，该工作每分类需要 12μJ 的能量，而 BinarEye 可以在小于 1μJ 的情况下达到相同的准确率。最后，在 MNIST 上相同准确率的情况下，Whatmoug 等人（2017）的工作运行效率比在 BinarEye 上运行窄的 5 层网络的效率高 2 倍。但是，Whatmoug 等人（2017）的工作使用的 DNN 不能用于精确地对更复杂的 CIFAR-10 图像进行建模。在每分类 0.92μJ 的情况下，BinarEye 在 CIFAR-10 上仍可达到高于 76% 的准确率，但是 Whatmoug 等人（2017）的工作的准确率将下降至 60%（尽管消耗相近或更高的能耗）。

6.6　数字与模拟二值神经网络的实现对比

本节将明确对比 256*X* 和 *SX* 的模拟实现与数字实现。图 6-29 所示是一个完整的概述图，其比较了 MSBNN 和 BinarEye 的一些关键规格参数以及根据虚拟混合信号和最佳数字 *SX* 实现推理而来的数据。

从这两个芯片的测量结果可以明显看出，当在相同测试基准集上直接比较 $S=1$ 模式时，MSBNN 神经元消耗的能量最多比 BinarEye 低 12.9 倍。该收益是混合信号神经元的高效率、更高级的电压调节以及在无约束区域（每神经元 25kμm²）上定制非常规则的布局 3 个方面的综合影响。另一方面，在 BinarEye 中，神经元是一个多阶段的树状结构，它不规则地分布在一个更受限的区域内（每神经元 13kμm²）。仿真结果表明，采用与 MSBNN 中相同面积、人工设计的加法树进行优化，优化后的数字神经元比混合信号实现多 4.2 倍能耗，或比自动化数字设计版本少 3.1 倍能耗。神经元效率之间的差距不仅来自设计方式（模拟与数字优化与数字），还来自不同设计约束间的差异。数字实现允许每个神经元的面积减少 1/2，这会导致布线的增加，尤其是在更高层次的金属层上。此外，数字 BinarEye 正常工作的最高频率为 50MHz，而其他数字实现的最高频率仅为 20MHz，这种差异导致了缓存的增加。图 6-29 还展示了拟定的混合信号与 SX 优化数字实现的 DVAFS 可扩展性。在这里，笔者假设 SC 神经元阵列的能耗与吞吐量及 S 呈二次方关系，这与数字神经元阵列的情况一样。此外，就像在 256X 实现中测量的结果一样，作者假设 128X 和 64X 神经元阵列的平均分类准确率不会下降。应该注意的是，该二次方缩放假设忽略了滤波器偏置 CDAC 部分和比较器的开销，并且准确率下降的假设尚未在仿真中得到验证。在该假设下，大多数先前的结论也适用于此。但是，由于所讨论的基准版本已更加有效，因此宽度调节的增益将比数字实现的方式更小。在两个极限模式中，此处的最大收益接近 10 倍，而 BinarEye 中为 15 倍。

图 6-29 比较了不同操作模式下的芯片及其性能。在 MNIST 是在数据集上，MSBNN 只能通过使用一个较浅的 6 层网络将其能耗降低＜ 1/2，与此同时，该操作同样会降低在 MNIST 数据集上的分类准确率。因为 BinarEye 能够调整网络的宽度，所以 BinarEye 具有一个独立的可调节参数，并且可以利用该参数实现更大范围的能耗折中而不会在简单的数据集上损失过多的准确率。在 $S = 4$ 的模式下，BinarEye 在准确率轻微下降时仅消耗 MSBNN 芯片 1/3 的功率。这就是第 4 章中讨论的 DVAFS 效应：对于较窄的网络，该芯片工作在子网级并行的模式，允许使用更低的频率与电源电压。当吞吐率保持不变时，就每秒分类数而言，它的能效将高于更宽网络的模式。对一些简单的应用，窄网络足够达到较高的准确率，这在表格中在固定吞吐量查看 I2L 核心功率时最明显。在 CIFAR-10 数据集上，$S = 4$ 会引起 10% 的准确率下降。在 MNIST 上，准确率下降大大减小至 2% 左右。同样可以从如人脸检测和人脸角度识别等其他多个简单的测试基准集中观察到此现象，如 6.5.3 节和图 6-26a 所示。图 6-30a 更进一步展示了不同版本 BinarEye、SX 优化后的数字实现与混合数字实现的性能。作为参考点，图 6-30a 同样展示了将当前最先进的工作。图 6-30a 和 b 分别展示了 MNIST 和 CIFAR-10 的性能。

芯片名称	BinarEye			MSBNN SOC	MSBNN SX SOC			OPTDIG SX SoC		
设计风格	自动化数字设计测量结果			混合信号测量结果	混合信号量估计结果			优化数字估计结果		
拓扑	28nm CMOS (1P_8M, 5X1Z1U)			28nm CMOS (1P_8M, 4X2Y1Z)	28nm CMOS (1P_8M, 4X2Y1Z)			28nm CMOS (1P_8M, 4X2Y1Z)		
活动区域 /mm²	1.4			4.6	4.6			4.6		
支持的模式	S=4	S=2	S=1	S=1	S=4	S=2	S=1	S=4	S=2	S=1
支持的层 F×C	64×64	128×128	256×256	256×256	64×64	128×128	256×256	64×64	128×128	256×256
F@12L 478 GOPS [MHz]	13.5	10.6	9.5	10	14.2	11	10	14.2	11	10
电压 @ F [V]	神经元阵列：0.72 Memory: 0.7			神经元阵列：0.6 Comp., Dig., Mem.: 0.8	神经元阵列：0.6 Comp., Dig., Mem.: 0.8			神经元阵列：0.6 Dig., Mem.: 0.8		
9 层 CIFR-10 准确率	76%	82%	86%	86.05%	76%	82%	86%	76%	82%	86%
9 层 人脸检测精度	94.5%	96.7%	98.1%	-	94.5%	96.7%	98.1%	94.5%	96.7%	98.1%
9 层 μJ/推理 @ F	1.1	3.8	15	3.8	0.36	1	3.8	0.53	1.70	6.74
神经元 9 层 μJ/推理 @F	0.84	3.1	12.1	0.94	0.1	0.3	0.94	0.27	1	3.89
9 层 吞吐量 @ F/(inf/s)	3791	945	238	237	3791	945	237	3791	945	237
12L 核心功率 @ F/mW	4.2	3.7	3.9	0.9	1.4	1	0.9	2.01	1.61	1.60
12L 核心能效 @ F/(1b-TORS/W)	122	132	134	532	366	520	532	237	297	299
12L 核心功率 @ 237 inf/s/mW	0.35	0.9	3.9	0.9	0.2	0.3	0.9	0.21	0.48	1.60
6 层 MNIST 准确率	96.85%	97.4%	98%	-	96.85%	97.4%	98%	96.85%	97.4%	98%
6 层 μJ/推理 @ F	0.65	2.17	8.2	-	0.2	0.54	2.1	0.31	0.95	3.73
神经元 6 层 μJ/推理 @F	0.5	1.8	6.6	-	0.04	0.14	0.52	0.15	0.55	2.14
6 层 吞吐量 @ F/(inf/s)	5661	1642	455	-	5661	1642	455	5661	1642	455
12L 核心功率 @ F/mW	3.27	3.17	3.7	-	1	0.8	0.95	1.76	1.56	1.70
12L 核心能效 @ F/(1bit-TOPS/W)	102	121	117	-	335	480	454	271	306	281
12L 核心功率 @ 455 inf/s (mW)	0.35	0.95	3.7	-	0.2	0.3	0.95	0.23	0.50	1.70

图 6-29　BinarEye、MSBNN 以及根据虚拟混合信号和优化数字 SX 实现推理出的性能对比。估计数量时假设混合信号神经元阵列的非理想理想因素不会导致准确率下降，这和在混合信号芯片中的测量情况一样

尽管 BinarEye 能效较低，但是它相比 MSBNN 仍有许多优点，尤其是在工业环境中。首先，BinarEye 是"开箱即用"的，与 6.4 节讨论的 MSBNN 情况不同，它不需要通过偏移或阈值校准来补偿比较器的非理想特性。BinarEye 是一种全数字的解决方案，因此可以在理想功能没有偏差的模式下运行。在 MSBNN 中，由于运算的模拟特性，位可能会受温度噪声的影响进行翻转，已观察到该现象会在室温低电压的环境下发生。高温对这两种芯片的影响都还未有实验测量结果。最终，相比于 MSBNN 的设计与验证，BinarEye 的设计周期更短、设计挑战性更小而且更成熟。对于 BinarEye，只需要数字设计工具与设计流，而 MSBNN 的设计需要混合模式仿真和人工对比较器电路、连线驱动、触发器、锁存器等模块进行设计与布局布线。一旦建立了有效的 RTL 级网表，作者的经验表明 BinarEye 可以由一位经验丰富的设计人员在 2 个月左右的时间内完成。而如果以拥有相同的网表算起，MSBNN 在生产制造前需要 5 个月的开发时间。如果要用其他的工艺构建相同的系统，则需要进行完整的混合信号芯片重设计。

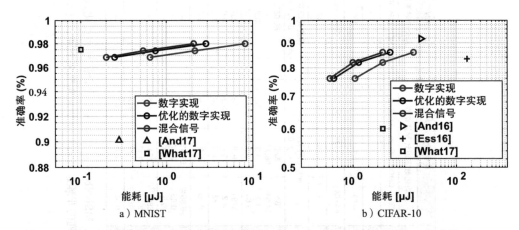

图 6-30　不同 *SX* 实现版本和当前先进工作的性能对比。"优化的数字实现"和"混合信号"是 MSBNN 和 BinarEye 测量值的推测结果

6.7　展望与未来工作

总体而言，BinaryNet 以及具体点的 256*X* 和 *SX* 架构仍需进行一些创新或优化，

以使其成为高精度网络更好的替代方案。

BinaryNet 上仍存在一些问题，在实验室外（实际应用场景下）使用 BinaryNet 硬件之前必须解决这些问题。

□ 尽管 BinaryNet 在简单的测试基准集（如 CIFAR-10 和 MNIST）上表现相当良好，但尚不清楚它们可以支持哪些实际的应用场景。例如，即使 BinarEye 在 CIFAR-10 上可以达到 86% 的准确率且一般的 BinaryNet 可以将准确率提高到 92%，但在普通的人脸检测的流程中它们似乎并没有取得优于基于 Viola-Jones 人脸检测的结果。集成电路设计研究界应该不再把 CIFAR-10 或 MNIST 这样的测试基准集作为实际应用的代表，而应该把目标放在完整应用场景的整个流程上。

□ 目前很少有在更先进的网络结构（如 ResNet、DenseNet 和 MobileNet）上测试二值或量化神经网络的工作。ResNet 上的初步实验展示了难以令人满意的结果，比如目前不支持 BinaryNet（见第 3 章）。这是有待解决的一个问题，因为大多数新颖的网络架构不仅可以获得更高的精度，而且可以使用更少的权重和操作来实现。这就提出了一个疑问，即先进的量化方法是否可能是对正确问题的错误答案：如何在最先进的神经网络中最小化能耗。

小贴士

通过人工布局的 MSBNN 模拟实现相比于在相同工艺下用工具生成的数字布局可达接近 13 倍的能效提升。人工设计的数字加法器的能效比工具生成的数字加法器高 3.5 倍。在工具生成的数字电路中，每个神经元布局平均占据 $13\text{k}\mu\text{m}^2$，而在其他版本有多于 2 倍的可用面积（$25\text{k}\mu\text{m}^2$）。此外，自动化的数字电路的最高工作频率高达 50MHz，而其他的最高工作频率仅为 20MHz。因面积约束而增加的连线负载以及因为时序约束而增加的缓冲器，这两方面效应的结合会导致能效方面的巨大差异。这一经验表明了这两种约束的重要性及其对能耗的影响。

对于所设计的 256X 及 SX 架构，需要做一些改变使其能效更高。

❑ 如 6.3 节讨论的那样，西侧和东侧的特征图缓存的带宽过低而不能每周期支持一次卷积操作。在当前版本中，滤波器被移动并且每两个周期只进行一次计算。

❑ 为了最大化前述优化策略的影响，还可以增加类内存神经元阵列从北侧到南侧权重缓存的带宽以加速权重加载的周期。更高的带宽将减少加载周期的时间成本并提高整体的吞吐率。

❑ 当前 256X 和 SX 架构不支持尺寸大于 32×32 的 RGB 图像。可以拓展这些架构以用于更大尺寸的输入，这能够通过两种互补策略加以实现。首先，特征图缓存的大小可以轻易地增加到 4 倍或 8 倍，而不会对能效产生重大影响。此外，该芯片可以被嵌入到有外部 DRAM 的更大系统中，以支持任意大的特征图。

❑ 当前阵列是 256 / N×2×2 个硬连线的神经元。将该架构推广到 1×1 和 3×3 深度可分离卷积层可以有所收益。拓展到 256 / N×3×3 的滤波器只需要对架构进行一些微小的更改。但是在这里的实验中，这种修改并不会在 CIFAR-10 上获得更好的结果，但可能在其他测试基准集或更大的特征图上是有效的。

❑ 同样的 SX 架构可以被拓展以支持 2bit 或 4bit（同样也包括 Nbit）算子。随着精度增加，混合信号处理部分和数字处理部分之间的能效差距将逐渐接近（Murmann 等人，2015）。具体地说，根据第 3 章可知，4bit 网络通常在能耗与准确率之间有更好的折中。此外，它们也被证明与 ResNet 兼容（Moons 等人，2017a）。

❑ 在布局方面，同样可以在数字 BinarEye 和 MSBNN 中进行一些改进。在当前版本中，特征存储器被放置在阵列的左侧与右侧，这使得从左到右的连线比需要的连线长度要长。将存储器和所有水平线驱动器放在阵列的中间可以缩短这些连线，并将现有的最重要的连线能耗降至最低。这种策略与经典 SRAM 宏单元中使用的策略类似。

6.8 小结

由于其复杂性，CNN 目前还未被部署到一些常开的移动平台中（如智能手机），这些常开移动平台可以使用常开的手势、面部、物主及角度检测作为屏幕或应用处理器的唤醒传感器。

本章讨论了两个可实现此目的的 BinaryNet 加速 ASIC 架构与硬件设计、测量结果及应用级性能。它们针对电池容量受限的移动设备上的各种常开视觉唤醒应用，典型场景是第 2 章讨论的分层级联处理中的最早阶段。常开计算的目标可以通过如下 4 个方面实现：①在模拟域极高能效的硬件；②在类内存的神经元阵列中最大化权重复用；③将完整的模型和特征图存储在芯片上，无需芯片外带宽；④ 3 个层次的灵活性：可重训的权重、可编程的网络深度以及可重构的网络宽度。作为斯坦福大学一个较大研究团队中的一部分，作者为这些 BinaryNet 开发了两种可以以常开方式运行的硬件架构。256*X* 在 MSBNN 中以混合信号的方式实现，*SX* 在全数字 BinarEye 芯片中加以实现。

MSBNN 是一个 256*X* 的混合信号二值 CNN 实现，它在模拟域（1）中执行中等复杂度的图像分类任务（在 CIFAR-10 上达到 86% 的精度）并采用近存储数据处理（2，3）来在每分类能耗 3.8μJ 的情况下达到 5321bit-TOPS/W 的峰值能效，该结果相比 TrueNorth（Esser 等人，2016）有 40 倍的提升。

BinarEye 是一种全数字的 *SX* 实现，它主要面向灵活性提高。它的计算是完全数字化的，但是它的架构是通过在网络映射中允许更多的可重构性而在 256*X* 上扩展而来（4）。因此，BinarEye 可以映射到广泛的应用中，并提供高达 145bit-TOPS/W 从输入到标签完整系统的计算能效。这就可以以 1mW 或每推理 1μJ 的能耗达到每次 125M 次操作、每秒 1000 次操作的推理计算，同时在人脸检测上达到 94% 的准确率以及多项其他任务 90% 的准确率。BinarEye 在 CIFAR-10 上性能优于已有工作（Ando 等人，2017；Moons 等人，2017b；Andri 等人，2016；Bong 等人，2017），最高可达 70 倍、准确率略有降低、吞吐量提高 10 倍以及在人脸检测等准确率下达到 3.3 ～ 12 倍提升。

由于其在模拟域实施计算，MSBNN 的神经元部分相比 BinarEye 可降低至 1/13 的能耗。人工设计的数字神经元的推理实现的神经元能耗比 BinarEye 少 3.1 倍。在系统级，MSBNN 比 BinarEye 和推理的人工设计的数字实现好 4 倍与 1.76 倍。

参考文献

Ando K, Ueyoshi K, Orimo K, Yonekawa H, Sato S, Nakahara H, Ikebe M, Asai T, Takamaeda-Yamazaki S, Kuroda T, et al (2017) Brein memory: a 13-layer 4.2 k neuron/0.8 m synapse binary/ternary reconfigurable in-memory deep neural network accelerator in 65 nm CMOS. In: Symposium on VLSI circuits, 2017. IEEE, pp C24–C25

Andri R, Cavigelli L, Rossi D, Benini L (2016) Yodann: an ultra-low power convolutional neural network accelerator based on binary weights. In: IEEE computer society annual symposium on VLSI (ISVLSI), 2016. IEEE, pp 236–241

Bankman D, Yang L, Moons B, Verhelst M, Murmann B (2018) An always-on 3.8 uj/classification 86accelerator with all memory on chip in 28nm CMOS. In: International Solid-State Circuits Conference (ISSCC) technical digest

Biswas A, Chandrakasan A (2018) Conv-ram: an energy-efficient SRAM with embedded convolution computation for low-power CNN-based machine learning applications. In: International Solid-State Circuits Conference (ISSCC)

Bong K, Choi S, Kim C, Kang S, Kim Y, Yoo HJ (2017) 14.6 a 0.62 mw ultra-low-power convolutional-neural-network face-recognition processor and a cis integrated with always-on haar-like face detector. In: IEEE International Solid-State Circuits Conference (ISSCC), 2017. IEEE, pp 248–249

Buhler F, Brown P, Li J, Chen T, Zhang Z, Flynn M (2017) A 3.43 tops/w 48.9 pj/pixel 50.1 nj/classification 512 analog neuron sparse coding neural network with on-chip learning and classification in 40 nm CMOS. In: Symposium on VLSI circuits, pp 30–31

Chen WH, Li KX, Lin WY, Hsu KH, et al (2018) A 65 nm 1 mb nonvolatile computing-in-memory reram macro with sub-16ns multiply-and-accumulate for binary DNN ai edge processors. In: IEEE International Solid-State Circuits Conference (ISSCC), IEEE

Courbariaux M, Bengio Y, David JP (2015) Binaryconnect: training deep neural networks with binary weights during propagations. In: Cortes C, Lawrence ND, Lee DD, Sugiyama M, Garnett R (eds) Advances in neural information processing systems, vol 28. Curran Associates, Inc., Red Hook, pp 3123–3131

Esser S, Merolla P, Arthur J, Cassidy A, et al (2016) Convolutional networks for fast, energy-efficient neuromorphic computing. In: Proceedings of the national academy of sciences

Gonugondla SK, Kang M, Shanbhag N (2018) A 42pj/decision 3.12tops/w robust in-memory machine learning classifier with on-chip training. In: International Solid-State Circuits Conference (ISSCC)

Han S, Mao H, Dally WJ (2016) Deep compression: compressing deep neural network with pruning, trained quantization and huffman coding. In: International Conference on Learning Representations (ICLR)

Hubara I, Courbariaux M, Soudry D, El-Yaniv R, Bengio Y (2016) Binarized neural networks. In: Advances in Neural Information Processing Systems (NIPS)

Ioffe S, Szegedy C (2015) Batch normalization: accelerating deep network training by reducing internal covariate shift. arXiv preprint:150203167

Khwa WS, Chen JJ, Li JF, Si X, et al (2018) A 65 nm 4 kb algorithm-dependent computing-in-memory SRAM unit-macro with 2.3 ns and 55.8 tops/w fully parallel product-sum operation for binary DNN edge processors. In: IEEE International Solid-State Circuits Conference (ISSCC). IEEE

Krizhevsky A, Hinton G (2009) Learning multiple layers of features from tiny images. Technical report

LeCun Y, Cortes C (1998) The MNIST database of handwritten digits

Moons B, De Brabandere B, Van Gool L, Verhelst M (2016) Energy-efficient convnets through approximate computing. In: Proceedings of the IEEE Winter Conference on Applications of Computer Vision (WACV), pp 1–8

Moons B, Goetschalckx K, Van Berckelaer N, Verhelst M (2017a) Minimum energy quantized neural networks. In: Asilomar conference on signals, systems and computers

Moons B, Uytterhoeven R, Dehaene W, Verhelst M (2017b) Envision: a 0.26-to-10 tops/w subword-parallel dynamic-voltage-accuracy-frequency-scalable convolutional neural network processor in 28 nm FDSOI. In: International Solid-State Circuits Conference (ISSCC)

Moons B, et al (2017c) Bertmoons github page. http://github.com/BertMoons, Accessed: 01 Jan 2018

Moons B, Bankman D, Yang L, Murmann B, Verhelst M (2018) Binareye: an always-on energy-accuracy-scalable binary CNN processor with all memory on-chip in 28 nm CMOS. In: IEEE Custom Integrated Circuits Conference (CICC)

Murmann B, Bankman D, Chai E, Miyashita D, Yang L (2015) Mixed-signal circuits for embedded machine-learning applications. In: 2015 49th Asilomar conference on signals, systems and computers, pp 1341–1345. https://doi.org/10.1109/ACSSC.2015.7421361

Rastegari M, Ordonez V, Redmon J, Farhadi A (2016) XNOR-net: Imagenet classification using binary convolutional neural networks. In: European conference on computer vision. Springer, Berlin, pp 525–542

Russakovsky O, Deng J, Su H, Krause J, Satheesh S, Ma S, Huang Z, Karpathy A, Khosla A, Bernstein M, et al (2015) Imagenet large scale visual recognition challenge. Int J Comput Vis 115(3):211–252

Sze V, Yang TJ, Chen YH (2017) Designing energy-efficient convolutional neural networks using energy-aware pruning. In: Conference on Computer Vision and Pattern Recognition (CVPR)

Whatmough PN, Lee SK, Lee H, Rama S, Brooks D, Wei GY (2017) 14.3 a 28 nm soc with a 1.2 ghz 568 nj/prediction sparse deep-neural-network engine with> 0.1 timing error rate tolerance for IOT applications. In: IEEE International Solid-State Circuits Conference (ISSCC), 2017. IEEE, pp 242–243

Zhao R, Song W, Zhang W, Xing T, Lin JH, Srivastava M, Gupta R, Zhang Z (2017) Accelerating binarized convolutional neural networks with software-programmable FPGAS. In: Proceedings of the 2017 ACM/SIGDA international symposium on field-programmable gate arrays. ACM, New York, pp 15–24

Zhu C, Han S, Mao H, Dally WJ (2016) Trained ternary quantization. arXiv preprint:161201064

第 7 章

结论、贡献和未来工作

本书的重点是在电池受限的可穿戴边缘设备上，针对嵌入式应用深度学习算法的能耗最小化技术。尽管在很多典型的机器学习任务中取得了 SotA 结果，但深度学习算法在能耗方面代价极高，这是因为它们模型尺寸巨大且需要很大的计算量。因此，电池受限的可穿戴设备上运行的深度学习应用只能通过无线接入资源丰富的云来实现。这种方案有一些缺点。首先，存在隐私问题。此方案要求用户与远程系统共享其原始数据（图像、视频、位置、语音等）。由于大多数用户不愿意共享所有这些内容，因此尚无法开发大型应用程序。其次，云方案要求用户始终保持连接状态，考虑到当前的蜂窝网络覆盖范围，这是不可行的。此外，实时应用需要低延迟的连接，而使用当前的通信基础设施无法保证这一点。最后，这种无线连接效率很低，在能量受限的平台上，每个传输位需要很高的能量才能进行实时数据传输。所有这些问题（隐私、延迟 / 连接性和昂贵的无线连接）都可以通过转向边缘计算来解决。

仅当这些深度学习算法可以在可穿戴设备上可用的计算平台的供能和功率预算内以更高能效的方式运行时，才能进行边缘计算。为了实现这一目标，必须在应用的设计层次结构的所有层次上进行一些创新。可以开发更智能的**应用**，以实现统计上更有效的深度学习**算法**，它们应在基于专门定制的**电路**构建的优化**硬件**平台上运行。最后，设计人员不应单独关注这些领域，而应**协同优化**硬件和软件以构建最低能耗的深度学习系统。在本书中，作者尝试了为所有这些因素做出贡献。

现在简要地回顾前几章的所有结论，然后概述对未来工作的建议。

7.1 结论

第 2 章重点介绍了**应用层次**。第 2 章将唤醒系统概括为具有较低系统级成本并且更适合于具有非均匀概率分布的偏斜数据的多层次级联系统，提出了一个能同时优化性能和最小化成本的设计框架。与之相关的是一个理论上的 Roofline 模型，该模型可以洞察层次结构中各个层级的性能。通过分析一般性示例，得出了层次级联的一般趋势。结果表明，虽然分层级联对于统一的输入数据统计不会带来明显的好处，但是对于输入数据统计有偏差的系统（例如语音和对象检测任务）会受益于更深的级联。通过设计一个四层级的 100 类的人脸识别应用，这里进一步阐明了该方法。与单级分类器相比，级联系统存在一个最佳工作点，可以获得高达 4 个数量级的成本效率提升；与传统的基于两级唤醒的系统相比，可以获得两个数量级的成本效率提升。

第 3 章既介绍了深度学习背景下各种 SotA 的软硬件协同优化方法，又深入研究了本书开发的一种特定方法：通过利用其计算和硬件级容错特性来实现高能效网络，这是通过降低网络的内部计算精度来完成的。对比两种定点方法之间的区别：测试时定点神经网络（test-time Fixed-Point Neural Networks，FPNN）是对浮点预训练网络进行高级定点分析的结果，而训练时量化神经网络（train-time Quantized Neural Networks，QNN）从头开始进行定点训练。由于对 QNN 进行了明确的低精度训练，因此在能效方面，它们优于 FPNN。结果表明，最佳的 4bit 量化神经网络通常在测试基准上是最佳的，比 8bit 和 16bit 的实现效率高 3 ~ 10 倍。使用 Han 等人（2016）首先讨论的方法，可以转向使用非线性量化神经网络，其效率比线性量化高出 10 倍。

第 4 章重点介绍了动态电压精度频率调节（DVAFS），这是一种有效的动态电路级近似计算技术。这项技术可以将深度学习算法的容错能力转换为最大的能耗降低。据作者所知，DVAFS 在降低精度方面比任何其他近似计算技术都能获得更高的模块级和系统级能量增益。它的性能优于静态和动态的近似计算，在模块级最高可达 3.5 倍，而在并行 SIMD 处理器中最高可达 4.5 倍。DVAFS 带来了降低全系统功率和每次执行能耗的可能性，因为它以较低的精度调节整个系统的频率，同时保持吞吐量恒定。这使得在一个实际近似计算系统中，减少所有非计算的开销成为可能。以前的工作都没有考虑到这一点，因此 DVAFS 是对该领域的重要贡献。最后，本章还涵盖了 DVAFS 的功能（子字级并行基本模块）和物理（强制关键路径调整）实现方面的挑战。

第 5 章讨论了 Envision：基于第 3 章和第 4 章中讨论的技术所构建的两代能耗 - 准确率可调节的稀疏 CNN 处理器。其可扩展性使其适用于分层场景，如第 2 章中所述。Envision 的重点是 10 ～ 300 mW 的移动功率范围内的中等功耗。这些处理器提供（A）在并行二维 MAC 阵列架构中的一个高能效的基准。它们可以根据（B）CNN 应用的稀疏性和（C）DVA(F)S 的计算精度要求，来最小化能耗。这 3 种技术的结合使稀疏 / 低精度工作负载的能效达到 76 Gops 时，能效分别高达 2.6TOPS / W 和 10TOPS / W，这使 Envision 在 2016 年（Moons 和 Verhelst，2016）和 2017 年（Moons 等人，2017）成为最高效的 CNN 实现方案。与 16bit 全精度基准相比，DVA(F)S 的兼容性可在低精度下提高 20 倍（8 倍）的效率。取决于应用，这不会导致系统级精度的损失。如果输入数据流稀疏，则空间稀疏跳过方案会使得能耗降低 2 ～ 2.7 倍。

第 6 章讨论了两种 BinaryNet 加速 ASIC 架构和硬件设计、度量以及应用级性能。这些芯片的目标是在 1 ～ 10 mW 的功率预算内，在电池受限的移动设备上进行各种常开的视觉唤醒应用，即典型的在第 2 章中讨论的分层处理级联的前期层级。常开计算的目标通过以下方式实现：①在模拟域中使用极为高效的硬件；②在类似存储器的神经元阵列中最大程度地重用权重；③在芯片上存储完整的模型和特征图，不需要片外带宽；④在 3 个级别上具有灵活性：可重新训练的权重、可编程的网络深度和可重新配置的网络宽度。作为斯坦福大学一个较大团队的一部分，作者开发了两种这样的硬件架构。256*X* 在 MSBNN 中以混合信号的方式实现。*SX* 在全数字 BinarEye 芯片中实现。

MSBNN 是 256*X* 的混合信号二值 CNN 实现，它在模拟域（1）中执行中等复杂度的图像分类（在 CIFAR-10 上精度为 86%），并采用近存储数据处理（2、3）实现峰值 750（1bit-TOP/W）的性能，一次分类能耗为 3.8 μJ，比 TrueNorth（Esser 等人，2016）提高 40 倍。

BinarEye 是全数字 *SX* 的一个实现，专注于提高灵活性。它的计算是全数字的，但是其架构通过在网络映射中提供更多的可重新配置性（4）从而在 256*X* 上进行了扩展。因此，BinarEye 可以映射广泛的应用，同时提供高达 145（1bit-TOPS / W）的输入到标签的全系统效率。这样一来，就可以以 1 mW 或每次推理 1 μJ 进行每秒 100 次推理，每次 125M 操作。同时在人脸检测中仍然可以实现 > 94% 的准确率，在其他多项任务中可以实现 > 90% 的准确率。BinarEye 在 CIFAR-10 上的性能优越（Ando 等人，2017；Moons 等人，2017；Andri 等人，2016；Bong 等人，2017），高达 70 倍，准确率略低，吞吐能力为 10 倍。且在人脸检测上达到等准确率的 3.3 ～ 12 倍吞吐量。

因此，本章的工作也是模拟和数字计算之间的比较。由于其在模拟域中的计算，MSBNN 在神经元中的能耗比 BinarEye 少至近 1/13。人工设计的数字神经元投影实现比 BinarEye 消耗的神经元能量少至 1/3.5。在系统级别，MSBNN 分别比 BinarEye 和手工设计的数字投影好 4 倍和 1.7 倍。

这项工作还可以得出更笼统的结论：

❑ 为了弥合深度学习算法与移动和常开设备的功率预算之间的效率差距，必须协同优化应用、算法和硬件平台。应用、算法和电路的协同优化展现了 100 倍（级联）、10 倍（优化的 QNN）和 10 ～ 15 倍（在优化的架构中的稀疏 DVAFS）或 3 ～ 40 倍（BinaryNet）的提升。

❑ 用于深度神经网络的任何优化的硬件平台都应利用（A）优化的并行架构、（B）任何神经网络中的高度稀疏性以及（C）在电路级利用其容错能力。而对于实现最后一个策略，最高效的技术是动态精度调节。

❑ 针对特定受限硬件平台的协同优化深度学习算法可以大大提高效率。通过采用低精度算法技术，整个电路级技术变得可行。第 6 章中的 BinaryNet 实现就是一个例子，但是如果深度学习算法可以根据它们的需求量身定制，还可以使用多种其他硬件技术（光学计算、存储器内计算、闪存中计算和 RRAM）带来数量级的计算效率提升。

❑ 与 DVAFS 中一样，动态位宽调节带来了处理器架构较高的能量可调节性，但同时也导致了很多开销。限制受支持的位宽范围、以较低的成本保持可扩展性将是有效的。

- 二值神经网络是有趣的案例研究，但未经大规模网络和大规模测试基准乃至实际应用的验证。使用二值或量化 CNN 内核并结合特定的仿射输出变换（例如 XNOR-net）的其他实现似乎更有希望，因为它们可以在更复杂的数据集上仍然保持高准确率。
- 小型神经网络测试基准，例如本书主要使用的基准，并不代表现实世界。IC 设计社区应该从证明其原型转向更大的数据集（例如 IMAGENET）或实际应用。

7.2　未来工作的建议

- 第 2 章的工作可以朝 Huang 等人（2017）提出的工作方向发展。在这个方法中，在 CNN 的前几层之后添加了早期停止分类器，以快速查找和提取易于识别的样本。来自第 2 章的分层级联理论也可以在这里应用。
- 第 3 章的工作应以一些方式扩展。首先，在 2 ~ 4bit 精度范围内，几种电路和存储器内技术变得可行，与传统的数字计算相比，可提供显著的收益。寻找进一步优化深度学习内核的方法并以这种精度范围运行，仍然是研究的活跃领域。其他硬件技术，例如 RRAM 单元或存储器内计算闪存，可能会从向其他网络拓扑（例如深度可分离的内核）的迁移中受益。其次，同样在常规计算中，该领域应朝着更多的硬件 – 软件协同优化方向发展。时至今日，网络设计人员仅专注于通过自动化的、遗传优化来最大化网络的统计效率（其模型大小和操作数量）。这没有考虑硬件架构、处理技术（数字、模拟）或量化，也没有考虑诸如特征图大小之类的更明显的因素。一个真正的最佳的、最低能耗的模型可能需要比当前认为的 SotA 更多的操作和更大的模型尺寸。因此，该领域应努力使实际相关指标最小化：给定精度下的能耗最小化。应该开发更好的硬件和能耗模型，并将其与自动化网络设计平台结合起来，以迭代到这种最小的能耗系统。
- 本书中讨论的所有技术也可以以合适的形式应用于 DNN 和 LSTM。

❑ 本书中设计的芯片仅限于部署神经网络，这需要在 HPC 系统上进行离线训练后进行。进一步的研究应该针对低精度的片上训练方法。一种能够在边缘设备中用于将设备个性化为其所有者或校准传感器的功能。

❑ 通过将提出的 DVAFS 技术与 Lee 等人（2018）的位串行分辨率可扩展技术进行比较，可以进一步推进第 4 章和第 5 章中的工作。

❑ 第 6 章的工作可以通过几种方法进行改进，本章末尾已经列出了一些想法。除了架构优化，该架构还可以在具有基于 SRAM、RRAM 或闪存的交叉阵列的设计中应用。未来工作的另一个例子是将架构扩展为 XNOR-net 兼容的格式或多位实现。

参考文献

Ando K, Ueyoshi K, Orimo K, Yonekawa H, Sato S, Nakahara H, Ikebe M, Asai T, Takamaeda-Yamazaki S, Kuroda T, et al (2017) Brein memory: a 13-layer 4.2 k neuron/0.8 m synapse binary/ternary reconfigurable in-memory deep neural network accelerator in 65 nm CMOS. In: Symposium on VLSI circuits, 2017. IEEE, pp C24–C25

Andri R, Cavigelli L, Rossi D, Benini L (2016) Yodann: an ultra-low power convolutional neural network accelerator based on binary weights. In: IEEE computer society annual symposium on VLSI (ISVLSI), 2016. IEEE, pp 236–241

Bong K, Choi S, Kim C, Kang S, Kim C, Yoo HJ (2017) 14.6 a 0.62 mw ultra-low-power convolutional-neural-network face-recognition processor and a CIS integrated with always-on haar-like face detector. In: IEEE International Solid-State Circuits Conference (ISSCC), 2017. IEEE, pp 248–249

Esser S, Merolla P, Arthur J, Cassidy A, et al (2016) Convolutional networks for fast, energy-efficient neuromorphic computing. In: Proceedings of the national academy of sciences

Han S, Mao H, Dally WJ (2016) Deep compression: compressing deep neural network with pruning, trained quantization and Huffman coding. In: International Conference on Learning Representations (ICLR)

Huang G, Che D, Li T, Wu F, van der Maaten L, Weinberger K (2017) Multi-scale dense networks for resource efficient image classification. arXiv preprint arXiv:170309844, submitted to ICLR 2018

Lee J, Kim C, Kang S, Shin D, Kim S, Yoo HY (2018) Unpu: a 50.6 tops/w unified deep neural network accelerator with 1b-to-16b fully-variable weight bit-precision. In: International Solid-State Circuits Conference (ISSCC)

Moons B, Verhelst M (2016) A 0.3-2.6 tops/w precision-scalable processor for real-time large-scale convnets. In: Proceedings of the IEEE symposium on VLSI circuits, pp 178–179

Moons B, Uyttenhoeven R, Dehaene W, Verhelst M (2017) Envision: a 0.26-to-10 tops/w subword-parallel dynamic-voltage-accuracy-frequency-scalable convolutional neural network processor in 28nm FDSOI. In: International Solid-State Circuits Conference (ISSCC)

索　引

索引中的页码为英文原书页码，与书中页边标注的页码一致。

E

推荐阅读

可穿戴传感器：应用、设计与实现

作者：[澳] 苏巴斯·钱德拉·穆科霍达耶（Subhas Chandra Mukhopadhyay） 译者：杨延华 邓成
ISBN：978-7-111-65360-8 定价：89.00元

本书阐述可穿戴传感器原理、设计、制造和实施。主要内容包括穿戴式柔性传感器的制备与表征，穿戴式传感器的物理特性、设计和应用穿戴式医疗传感器信号调理智能电路，以及基于Python的传感器数据采集、数据提取和数据分析的基于GUI的软件开发。

本书特色：

对可穿戴传感器系统进行全面技术讲解，涉及传感器、信号调节、数据传输、数据处理和显示等模块。

覆盖可穿戴传感器的功能、设计与制造等基础知识。

从信号处理角度介绍与数据传输、数据联网、数据安全和隐私等相关的高级知识。

从系统角度出发，介绍可穿戴传感系统的智能接口、专用软件开发、无线人体传感器网络、特定参数的监测应用等内容。

讨论越来越流行的非侵入式传感器及其局限性。